武汉市科学技术协会"百万市民学科学——江城科普读库"项目

科普作品创作与欣赏

高杨帆 孙正国 主编

科学出版社

北 京

内 容 简 介

科普作品写作是一项综合性的工作,写作科普作品需要具备一定的综合能力,即可以将抽象复杂的科学知识以一种相对简单、偏文学的方式向公众传播,这也是科普作品写作的精髓所在。本书从欣赏视角对科普作品的写作和赏析进行了探讨,共分为七章,探讨了科普作品写作的基本内涵与国内外科普写作历史、科普作品的特征、科普创作文体形式、科普写作方法与技巧、科普作品欣赏理论等,旨在帮助科普作品创作者转换视角进行科普创作。

本书适合科普写作爱好者以及对科学传播感兴趣的读者参考阅读。

图书在版编目(CIP)数据

科普作品创作与欣赏/高杨帆,孙正国主编. —北京:科学出版社,2022.1
ISBN 978-7-03-056885-4

Ⅰ. ①科… Ⅱ. ①高… ②孙… Ⅲ. ①科学普及-作品-研究 Ⅳ. ①N4

中国版本图书馆 CIP 数据核字(2018)第 048379 号

责任编辑:张 莉 刘巧巧 樊 飞 / 责任校对:杜子昂
责任印制:李 彤 / 封面设计:有道文化

科 学 出 版 社 出版
北京东黄城根北街 16 号
邮政编码:100717
http://www.sciencep.com
北京建宏印刷有限公司 印刷
科学出版社发行 各地新华书店经销
*
2022 年 1 月第 一 版 开本:720×1000 1/16
2022 年 8 月第二次印刷 印张:10
字数:180 000
定价:58.00 元
(如有印装质量问题,我社负责调换)

前　言

　　目前，我国科普创作的发展势头良好，佳作不断涌现，但精品还不是很多，主要原因在于正确的科普作品创作方法与独特的科普欣赏视角的缺乏。科普作品创作并无定法，不同的科普作品在写作方法上存在差异。从一些科普名家的写作方法中，可以归纳出科普作品创作的方法，如五步式法、问答式法、简要阐述式法、逻辑推理式法等。经过比较发现，科普作品创作主体的科学素养、科普作品创作的题材及科普作品创作所针对的读者，决定了科普作品创作者所采用的创作方法。科学家写作的科普作品倾向于采用五步式法；与生活密切相关的医学类或面向青少年的科普作品倾向于采用问答式法；面向大众的百科式科普作品倾向于采用简要阐述式法；科普小说或科幻性质的科普作品倾向于采用逻辑推理式法。由此可见，针对不同对象和题材等采用合适的科普创作方法至关重要。

　　科普作品创作与欣赏理论密切相关。目前许多科普作品，甚至一些著名科学家的科普作品，未能获得大众认同，部分原因在于作者在写作时没有从欣赏的角度创作科普作品。事实上，自然美、科学美、文学美与生态美等美学观念，已经渗透到许多科普作品中，科普作家如果能站在美学欣赏的角度进行创作，无疑会大大提升科普作品的质量，也能吸引更多的人成为科普作品的忠实读者。

高杨帆

2021 年 10 月于武汉桂子山

目　　录

第一章　科普作品写作的内涵及历史

科普作品写作是一项综合性的工作，不同于单纯的科研论文写作和文学作品创作。在科普作品写作过程中，既要考虑所写内容的科学性与抽象程度，又要注意作品的文学性和广泛性。因此，科普作品写作者需要具有一定的综合能力，即可以将抽象复杂的科学知识以一种相对简单、偏文学化的方式向公众传播，这也是科普作品写作的精髓所在。

第一节　科普作品写作的基本内涵

科普作品写作，最简单的理解就是科普（科普知识）与写作的结合。这只注意到了科普作品写作的目的、内容和形式：目的即向社会公众普及，内容即科学知识，形式即写作。这虽然在一定程度上解释了科普作品写作的含义，但是没有注意到科普与写作两者之间的内在联系。其实两者是有机结合在一起的。因此，本节将对科普这一概念进行解释与梳理，以期归纳科普作品写作的基本内涵。

一、科普在中国的基本内涵

"科普"一词是伴随着近现代科学的兴起、发展而出现在人们的视野中的，尤其是伴随着 15 世纪以来西方近现代科学的发展而出现的。科普中的科学也较多地指自然科学及部分社会科学等。根据学者考察，英文"科普"的概念最早出现于 1799 年，即英国成立皇家科学普及学会[①]。约翰·C. 伯纳姆则认为，美国是在 19 世纪 40 年代才开始频繁使用"科学普及"这一词汇的[②]。"科普"这一词汇出现之后，也随着社会的变化发展而改变了本身的内涵。如何理解"科普"的基本内涵，不同的学者给出了不同的定义。章道义等认为："科普就是把人类已经掌握的科学技术知识和技能（包括各门科学技术的概念、理论、技术、历史发展、最新成果、发展趋势及其作用和意义），以及先进的科学思想和科学方法，通过各

---

① 周孟璞，松鹰. 科普学. 成都：四川科学技术出版社，2007：106.

② 约翰·C. 伯纳姆. 科学是怎样败给迷信的——美国的科学与卫生普及. 钮卫星译. 上海：上海科技教育出版社，2006：37.

种方式和途径，广泛地传播到社会的有关方面，为广大人民群众所了解，用于提高学识，增长才干，促进社会主义的物质文明和精神文明。它是现代社会中某些复杂的社会现象和认识过程的总的概括，是人们改造自然、造福社会的一种有意识、有目的的活动。"[1]袁清林认为："科普是在一定背景下，以促进智力开发和素质提高为使命，利用专门的普及载体和灵活多样的宣传、教育、服务形式，面向社会，面向公众，适时适需地传播科学精神、科学知识、科学思想和科学方法，实现科学的广泛扩散、转移和形态转化，从而取得预想的社会、经济、教育和科学文化效果的科学传播活动。"[2]周孟璞等认为："科普是科学技术普及的简称，是指以通俗化、大众化和公众乐于参与的方式，普及科学技术知识、倡导科学方法、传播科学思想、弘扬科学精神、树立科学道德，以提高全民族的科学文化素质和思想道德素质。"[3]关于什么是科普，还有许多不同的回答，以上只是选取了具有代表性的观点。由此可见，目前科普的基本内涵并没有一个确定的定义，从不同的角度理解，就会有不同的看法。在不同的历史时期，人们对什么是科普，也会做出不同的回答。

在"西学东渐"之后的中国，科普的内涵随着时代的发展而不断变化，尤其是在近代与现代两个历史时期，科普表现出截然不同的特点。

（一）科普在近代中国

"科普"一词在中国是"科学技术普及"的简称。"科普"作为一个特殊的词汇出现在中国，据樊洪业考证，始于1950年中华全国科学技术普及协会的成立[4]。如果从历史的宏观角度来考察，科普在中国有着很长的历史。因为"从本质上来说，科普是一种非正规的，以摆脱愚昧、提高全民科学素质为目的的社会教育。它具有广泛的社会性、群众性、持久性和时代性"[5]。纵观中国近现代历史，虽然"科普"作为专有名词在中国出现较晚，但近代中国在探索民族独立、国家富强的进程中，不乏进行过带有科普色彩的伟大实践，创作出具有较高科普价值的作品。

1. 从第一次鸦片战争到辛亥革命——中国科普的启蒙时期

自1840年第一次鸦片战争以后，西方开始渐渐地走进中国人的生活。西方先进的杀伤性武器进入了中国人的视野；传教士建起了很多中国人从未见过的教堂；地球仪、地图、望远镜等开始在中国流行，过去被视为"奇技淫巧"的东西渐渐

① 章道义，陶世龙，郭正谊. 科普创作概论. 北京：北京大学出版社，1983：12.
② 袁清林. 科普学概论. 北京：中国科学技术出版社，2002：1.
③ 周孟璞，松鹰. 科普学. 成都：四川科学技术出版社，2007：122.
④ 樊洪业. 科普史辨三则. 科学时报，2004-01-09：4.
⑤ 申振钰. 对中国科普历史研究的思考. 科普研究，2006，3（5）：10.

占有了较大的市场，人们由排斥到逐渐接受和学习。总之，西方的科学技术开始走入中国，舶来品走进了千家万户。

近代科学伴随着列强的炮火传入中国，对腐朽、没落的清政府带来了沉重的打击，对国人的思想造成了巨大的冲击。第一次鸦片战争前，西方的自然科学、先进技术装备等便陆续传入中国，但国人认识不足，以至于将西方先进的技术视为"奇技淫巧"之物。洋务运动、戊戌变法、辛亥革命，在一定程度上扭转了国人对科学的态度，国人由鄙视西方先进技术到接受、学习。此后发展实业、实行变法、进行革命等一系列救亡图存的社会活动在中国大地上陆续展开。

清末，开明之士对西方的科学技术开始了探索，由浅及深。鸦片战争更是打破了千百年来的封闭状态，同时人们转变了对科学技术的态度。洋务运动的兴起，在借助先进生产设备进行工业生产的同时，潜在地传播了相关的科学知识与使用技巧，更深深地影响了人们对科学技术的态度。这一阶段，西方自然科学技术在中国的传播是散点状的，这是中国近代科普的早期形式。除了在器物层面引进先进装备之外，一批先进的知识分子开始翻译西方自然科学的著作，并且通过创办刊物等多种方式向大众传播，著名的有《中外杂志》《万国公报》《格致汇编》《亚泉杂志》等。这些期刊有的是零星地介绍自然科学知识，有的是专业的自然科学技术期刊，但都对近代自然科学在中国的传播起到了推动作用。除了期刊以外，外文书籍的翻译出版工作也陆续开展。据统计，1840～1919 年，国内出版的科普读物达 369 种[①]。其中严复翻译的《天演论》、江南制造局翻译馆出版的《光学》《声学》《电学》等影响了一大批中国知识分子，进而影响了广大的群众，客观上推动了科学技术的传播，改变了人们对科学技术的原有认识。

2. "民主与科学"——中国科普的黄金发展期

当器物变革、制度变革都无法使中国摆脱半殖民地半封建社会的命运时，人们开始将目光转向思想革命。但是，严格意义上的科普并没有出现在中国。在当时的历史条件下，并没有适合科普产生与发展的社会环境。直到新文化运动，"德先生"与"赛先生"联合登台，在中国大地上刮起了"民主"和"科学"风。李大光认为："中国的科学自西学东渐以来已经过去了整整 400 年，胡适、梁启超、任鸿隽、竺可桢、鲁迅、李达、王国维、严复等将西方的'科学'与'民主'引进中国也已经过去了 100 年。"[②]申振钰认为："考察中国科普历史，即把科普界定与定位于从近代科学传入中国后，在中国掀起的新文化运动，以及中国共产党诞生后，这段百余年来的历史。"[③]由此可见，学界普遍认为新文化运动是中国科普

① 王伦信，陈洪杰，唐颖，等. 中国近代民众科普史. 北京：科学普及出版社，2007：204.
② 李大光. 中国科普研究历史回顾. 科普研究，2008，3（4）：15-21.
③ 申振钰. 中国科普历史考察. 大众科技报，2003-03-18：2.

的重要时期。因此，欲了解中国科普的内涵，必先了解中国科普的历史轨迹；欲了解中国科普的历史轨迹，必重点探索新文化运动。

1919 年，五四运动爆发，在"德先生"与"赛先生"的指导下，中国的科普走向了新的发展阶段。《新青年》和《科学》成了当时极具代表性的期刊。"《新青年》杂志和当时由中国科学社创办的《科学》杂志，承担着传播科学知识的重任，一批进步知识分子把大量的西方科学知识介绍到中国来，如钱玄同、刘半农、易白沙、刘文典、任鸿隽、王星拱、丁文江这样一些关心中国命运的学者，就是这批知识分子中间的佼佼者。"①新文化运动在"民主"与"科学"的旗帜下，传播科学知识，普及西方先进的科学原理、科学方法和先进技术。另外，新文化运动注重传播科学精神、科学思想，通过科学启蒙，反对封建、落后、迷信、保守的思想，推动人们思想的革新。

从鸦片战争到新文化运动，在不同的历史时期开展的科普工作都是为了一个目的，即革新国人思想，打破旧的思想束缚，以此达到救亡图存。"新文化运动时期，中国进步的知识分子，把科学的传播和普及的视角，放在了'科学救国''实业救国'的思想指导下。"①科学，被视为突破旧思想束缚、革新国人观念、反对迷信的思想武器，是为民族独立服务的。

这一历史时期是中国近代科普的启蒙时期，在科普形式、科普内容、科普受众上都是较为初级的。科普内容大多为当时中国急需的自然科学知识，科普内容较为简单、单一；科普形式较为初级，翻译出版、撰写文章、建设博物馆等成为当时主要的科普形式；科普受众较为狭窄，受政治环境不稳定、民众识字率低等客观条件限制，当时的科普受众人数较少。一批知识分子进行的翻译、出版工作都是自发的，并没有相对系统、科学的科普工作方针来指导。他们只是在进行救亡图存、打破旧思想束缚的过程中，不自觉地进行了科普工作。但这一时期的科普工作却对中国近代科普具有很大的指导意义。"从科学传播的角度来说，也是较大规模的唤起民众摆脱愚昧，科学觉醒的里程碑。"①早期的科普工作有力地推动了科学精神、科学思想的传播，为中国科学的发展和普及开辟了道路，对今后科普工作的开展起到了良好的示范作用。

3. 战火下的科普——科普步入正轨

五四运动之后，科学知识、科学方法和科学精神受到了普遍关注，随着政治环境的改善，科普得以发展的土壤基本形成。这一时期科普的标志性活动是科学大众化，即科学家群体将基本的科学知识、先进的科学理论及附着在科学知识上的科学精神，通过通俗易懂的方式传递给广大人民群众，以此实现提高公众科学文化素养

---

① 申振钰. 中国科普历史考察. 大众科技报，2003-03-18：2.

的基本目标，进而实现提升国家实力、实现民族独立和国家富强的最终目标。

1925年，孙中山"唤起民众"的遗训，进一步凸显出科普的重要地位。按照孙中山先生的遗训，国民政府采取了一系列措施开展科普工作，举办民众教育馆、成立学校、创办期刊、成立相关学会学社等。据统计，1928年，民众教育馆共有185所；1929年，发展到386所；1930年，已增至645所[①]，1927～1937年创办的科技期刊就有190种[②]。除此之外，一批科学技术学会、团体相继成立，比较具有代表性的有中国天文学会（1922年）、中央研究院（1928年）、中国化学工程学会（1930年）等。1931年，我国著名教育家陶行知提出了"科学下嫁运动"，形象地描绘了科学普及运动，将科学知识"下嫁"到普通民众。1932年，中国科学化运动协会成立，进一步推动了科学知识的社会普及。科学大众化运动较之前的科普工作来说，形式多样、内容丰富、覆盖面更广，既有政府组织的科普活动，又有民间社会团体开展的各种形式的科普活动，被誉为"中国近代史上一场最为深入的民众科学普及运动"。[②]

值得注意的是，在抗日战争期间，中国共产党领导下的苏区政府进行了科普工作的有益探索，并且形成了独特的经验模式。在陕甘宁边区，成立了陕甘宁边区自然科学研究会。中国共产党的领导同志，如毛泽东、陈云等，都对如何开展研究会工作、如何进行科普工作提出了指导意见。此外，中国共产党组织发起了延安自然科学运动，以宣传科学、破除迷信为主要任务，利用报纸、广播、报告会等多种形式开展科普工作。中国共产党领导下的科普工作，更多地注意到广大民众的实际需要，将科普知识与人们的实际需求、地区发展需求紧密结合，时刻注意理论联系实际。在党的正确领导和汇聚了大量人才的前提下，将科学知识和技术向广大群众传播，力求解决实际问题，进而巩固政权、支持战争的胜利。

近代中国的科普，无论是新文化运动时期还是科学大众化时期，都不仅仅是单一、单纯地进行科学知识的传播。在很大程度上，这一段百年的科普史就是中国人民冲破旧的思想束缚、打破陈旧观念、破除封建迷信思想的历史。科学在一定意义上是为国家服务的。"自新文化运动时期，科普就不单纯是科学知识的传播。它包含着救国，反对愚昧、盲从，抨击反动政治，提倡革新等诸多方面。"[③]因此，中国近代对于科普的理解大多偏重政治，科普承担了更多的责任。

（二）科普在当代中国

中华人民共和国成立后，中国科普事业的发展有了一个稳定的社会环境，

① 教育部. 第一次中国教育年鉴. 全国图书馆文献缩微复制中心，1934：183.
② 王伦信，陈洪杰，唐颖，等. 中国近代民众科普史. 北京：科学普及出版社，2007：19.
③ 申振钰. 中国科普历史考察. 大众科技报，2003-03-18：2.

党和政府高度重视科普事业的发展，其中，2002 年颁布的《中华人民共和国科学技术普及法》是世界上第一部专门涉及科普的法律。在 70 多年的发展过程中，人们对科普的认识逐步加深，同时，科普的内涵与外延也在发生着变化。

中华人民共和国成立初期，百废待兴，一方面，急需科学技术指导建设，发展经济，恢复生产；另一方面，需要科学指导改变人们落后的思想状态，提高人们的科学素质。1950 年，中华全国科学技术普及协会和中华全国自然科学专门学会联合会成立。1958 年，二者合并为中华人民共和国科学技术协会，1980 年，又定名为中国科学技术协会（简称中国科协）。中国科协承担着科普的重任，在科普受众、科普形式、科普内容上较之前有了很大的进步。但是，在这一时期，科普更多地带有意识形态的色彩，即通过宣传自然科学知识进而改变社会，在自然科学知识之中蕴含着马克思主义、列宁主义的相关观点，普及的是辩证唯物主义和历史唯物主义的观点，仍然带有科学大众化的影子。

"文化大革命"使中国的科普事业遭受了巨大的挫折。10 年间，中国科普工作停滞不前。党的十一届三中全会以后，党和政府高度重视科普工作的开展。1978 年，全国科学大会召开，邓小平同志在会上提出"科学技术是生产力"的重要论断。1988 年，邓小平明确提出"科学技术是第一生产力"的观点，全国上下对科学的关注超过了以往任何一个时期。这一时期的科普，更多的是与经济工作相结合。党的十一届三中全会以后，全国的工作重心转移到经济建设上来。要发展经济，就需要科技的支持。因此，科普工作围绕经济发展展开，通过普及实用知识，进而达到扩大生产、发展经济的目标。"基于经济增长意识的科普观强调通过科学知识的普及和实用技术的推广以促进生产力的提高，具有很强的实用主义和功利主义特点。"[①]

党的十五大确立了"科教兴国"的基本战略，中国科普工作迎来了又一个发展契机。在新的历史条件下，社会主义市场经济体制替代了过去的计划经济体制，以互联网为代表的新一轮科技革命正在全球开展，这些为科普工作提供了新的发展机遇。科普工作借助网络，可以更方便、更快捷地开展。但是，信息高速公路也对科普工作提出了挑战，如国内科普与国外科普的对比、科普工作的安全性等问题。因此，党和政府对新时期的科普工作方针做出了调整，由注重服务经济建设转变为提高全民族的科学文化素质。这一时期的科普内涵已经较前一阶段有了较大的改变，科普工作更加现代化、国际化，科普内容、科普理论趋于系统化。

21 世纪，尤其是《中华人民共和国科学技术普及法》的颁布施行开启了中国科普的新阶段。经过改革开放以来几十年的发展，中国的经济、社会面貌已经有了较大的改观，无论是综合国力还是公众的科学文化素质都有了较大提高。在新

---

① 刘新芳. 当代中国科普史研究. 合肥：中国科学技术大学博士学位论文，2010.

的条件下，原有的科普工作已经不再适应新的发展要求。在信息化、国际化的双重挑战下，在生态环境受到破坏的影响之下，新阶段的科普工作更应注重国家科普能力和人文精神的传播。通过提高本国科普实力，参与国际竞争，使国际视角更加开阔；改变以往科普的单一状态，即只注重传播科学知识，而忽视了科学背后的人文关怀。关爱自然，和谐共生，这才是一切科学的落脚点。

当代中国科普的内涵在每个历史时期均具有关注的焦点。从早期带有扫盲性质的、大众化的科普教育，到后来服务于经济发展的科普教育，再到提高全民科学素质的科普，以至新时期国际视角和人文关怀的科普，这些不同历史时期的科普工作是一脉相承的。每个发展阶段都是在继承了前一阶段的发展成果基础上才得以开展工作的。当代中国的科普，越来越体现出国际化、信息化的发展趋势，与世界先进国家和地区之间的科普差距越来越小。

二、科普在国外的基本内涵

欧洲是近代科学的主要发源地，自牛顿经典力学体系确立之后，自然科学便获得了一个发展高峰。科普工作在欧美等发达国家开展较早，相对于我国而言，欧美的科普工作经验更丰富。

（一）传统科普：技术附属品

波兰天文学家哥白尼的划时代著作《天体运行论》的出版，标志着近代自然科学的开端。从此以后，一大批科学家，如伽利略、开普勒、牛顿等，登上了自然科学的舞台，在天文学、力学、物理学、数学、工程技术等多个领域取得了突破性的成果，这一时期的实验方法、科学家的科学精神等都极大地影响了后世的科学发展。

以哥白尼为代表的自然科学家出版了大量著作，如哥白尼的《天体运行论》、开普勒的《宇宙的和谐》、伽利略的《关于托勒密和哥白尼两大世界体系的对话》、牛顿的《自然哲学的数学原理》等。这样一大批早期的著作，一方面向世界传递出自然科学的新发现、新成果，另一方面扩大着相关成果的社会影响。日心说、星体运行轨道理论等不仅是自然科学领域的发现，还改变了人们的认识，尤其对传统的上帝创世说造成了较大的冲击。早期的自然科学知识，通过出版物的形式向公众传播。这一时期的科普，是早期资产阶级冲破封建教会束缚的重要方式，同时也离不开无数科学先驱的辛勤付出。

继一大批科学发现之后，实验科学取得了更大的发展，研究的学科不再限于物理学、天文学，更多地涉及了数学、化学、生物学等学科。微积分、几何学、冶金、胚胎学等多个学科领域均出现了大量新的科学研究成果。伴随着科学研究成果的增多，科学知识也需要传播出去，这样才能满足新兴资产阶级的要求。除了借助出版媒体、学术团体等形式进行科普之外，最重要的是科普形式为产业革命奠定了基础。

18世纪，产业革命兴起于英国的棉纺织业，直至瓦特改良蒸汽机，开启了一个新的时代——蒸汽时代。蒸汽机在冶金、纺织、交通等多个领域获得广泛应用，极大地提高了生产力，这一产业革命浪潮开始席卷整个西欧。在蒸汽技术发展过程中，人们追逐着热能的最大效用。也正是在这些实践中出现的新问题，成了新科学理论诞生的基础。蒸汽技术的发展推动了热力学和能量守恒、转化定律的建立，原本作为"目的"的蒸汽技术反而成了新科学理论的"手段"。

继蒸汽时代之后，电气时代开始登上历史舞台，电学领域实现了一系列的理论突破，电磁感应等理论的创立，为新一轮产业革命奠定了重要的理论基础。电视机、电灯、电报、电话等与生活紧密联系在一起的发明走进人们的视野，人们开始享用先进的技术。除了电学之外，天文学、地质学、化学、生物学等学科也实现了理论的突破，并且开始逐步地走出科学家的实验室，走进人们的生活。

纵观从《天体运行论》发表到电气时代的科普，可以发现这一时期的科学实验是基于生产实践的。早期的科学成果、科学理论来源于人们在生产实践中出现的问题，反过来又促进了物质财富的增长，并且对人们的思想产生了深刻的影响。这一时期的科学普及，大多是伴随着技术的普及进行的，因为相关的技术就来源于相应的科学理论。只要技术产品在社会中占有较大的市场份额，相关的科学理论知识自然就得到了普及。当然，普及的程度有深有浅，专业技术人员掌握的理论越深入，科普的效果越好；一般的操作人员只掌握基本的操作技能，并不涉及机器背后的原理，这时科普的效果就差一些。

（二）科普发展新阶段：公众理解科学

现代科学发展模式体现出由实验科学向理论科学转变的特征，科学理论的内容更加深奥，普通人难以理解，涉及的领域由原来的宏观、低速运动世界转变为微观、高速运动世界。原子能、空间技术、计算机等技术成果成了新阶段科技发展的代名词。

新时期，科学研究成果转化为生产力的周期越来越短，科学研究成果层出不穷，科技产品更新换代越来越频繁。科学研究与技术应用是一个互相促进的过程。"社会生产实践水平和自然科学发展水平是新技术产生和发展的基础，而新技术的产生和发展又为科学研究和生产实践提供了空前强大的物质技术手段。"[①]新技术

---

① 全林. 科技史简论. 北京：科学出版社，2002：250.

的诞生与应用在提高了生产效率的同时，也为接下来的科学研究指明了方向。但是，如何将理论复杂的科学研究成果以一种简单明了的方式应用于生产、如何使复杂的科学理论被技术操作人员和其他广大民众所接受，成了新时期科普工作必须面对的问题。

正是在这样的条件下，欧美发达国家陆续提出了"公众理解科学"的理念。20世纪60年代，美国成立了公众理解科学委员会；80年代，英国也组建了公众理解科学委员会。公众理解科学强调的是科学普及对象的大众化，将原来只属于一部分人的科学扩大至全社会，强调公众才是科学发展的主体。同时，改变公众在原来科普工作中的地位，由被动地接受转变为主动地获取，由被动到主动，突出了公众作为科技受益者的主体地位，以民众乐于接受、可以接受的方式进行科学知识普及工作。这种科普观已经成为新时期世界公认的科普形式，在欧洲、美国、日本等地区和国家，科普更多地体现为公众理解科学的形式，并且日益制度化、系统化、科学化。

三、中国科普作品写作的基本内涵

科普作品写作，就是创作者运用文学艺术的形式，表达科学知识和技能、科学方法、科学精神等，是具有创造性的文学形式与科技内容相结合的、面向公众传播的作品创作活动。科普作品写作以文学为表现形式，以科学知识为内核，其中包括记叙性的科普文章和文学性的科普文章。在科技高速发展的今天，科学知识种类繁多、数量巨大且复杂，非专业人员很难理解。因此，科学知识要借助文学作品的特点，以通俗易懂、引人入胜的方式进行传播。科普作品既要具有科学知识的严肃性与专业性，又要具有文学作品的可读性。科普作品写作只有具有文学创作的特点，才能创作出语言优雅、内容全面的优秀作品，以此达到吸引读者进而宣传科学知识的目的。从广义的角度看，中国的科普作品写作从古代就开始不自觉地进行，而且有一大批具有代表意义的作品出现。近现代，中国科普工作逐步进入正轨，科普作品写作工作也更加科学化、系统化、规范化。

（一）古代科普作品写作的基本内涵

中国是四大文明古国之一，以四大发明为代表的古代中国科学文化，为人类做出了巨大的历史贡献，在世界科学史上占有重要的地位。"在公元17世纪中叶以前，中国是世界上科学技术发展较为先进的国家，也是古代科学技术百科全书编刊成就卓著的国家。"①其中涌现了一大批科学家、发明家，如沈括、李时珍、

---

① 林素仁. 中国古代科学技术百科全书编刊管窥. 东北师范大学学报（自然科学版），1991，2：105-110.

徐霞客等，这些科学家的科学著作还被翻译到了国外，被西方学者所接受和借鉴。据统计，18 世纪被译成西文的中国科学著作有《图注脉诀》《本草纲目》《农政全书》《周髀算经》等①。中国古代的科学著作不仅显示出了中国古代科学技术的高超水平，还显示出了中国古代科学著作写作与传播的辉煌成就。

中国古代在天文学、数学、医药学等领域长期位于世界前列，特别是中国的医药学是世界医学的宝库，历史悠久，独具特色，涌现出了很多优秀的医药学专家，并且著作等身。今日的中医发展在很大程度上得益于古人留下的宝贵成果。在众多医药学家中，李时珍更是其中的耀眼之人，他的《本草纲目》也是探讨中国古代科普作品写作的最好范例之一。

《本草纲目》是李时珍历时二十多年写作完成的，首刊于 1596 年，全书共计 190 余万字，收录药物达 1892 种，收载药方 11 096 个，并附有插图 1160 幅。规模之大、耗时之长，是以往任何一部医药学著作都无法比拟的。

《本草纲目》的撰写耗费了李时珍大量的心血，其成书的首要基础是借鉴前人的经验。李时珍注重阅读，博览群书，格外留意有关医药的资料，并且注重比较分析。除了注重文献类的资料之外，在《本草纲目》中，还有多处民谚，这也是李时珍吸纳民间实践经验的重要依据。除了注重理论之外，李时珍更加注重亲身实践，他不顾生命危险，亲自采摘与品尝药物，还注意留下药物标本，仔细研究药物的生长环境与药性，甚至注意到药物的生长环境，观察极其细致。

李时珍撰写《本草纲目》的过程主要体现出以下几个特点：突出了部类编排的方式，体现出物以类聚的原则与方法；注重资料的比较分析，通过分析、归纳等方法总结药物的特点；注重细节描写，对药物的生长环境、药理、药方甚至亲自实践的治疗过程都进行细致的描述，配图说明就体现了这一点；经验性的归纳介绍，将读者设定为社会大众，并未进行抽象的学理描述；等等。

《本草纲目》作为面向社会公众的一部常识性科学著作，同时作为中国古代科普著作的一部经典作品，体现出了中国古代科普作品写作的一些特点。第一，中国古代的科普作品写作依赖于科学家个人的素质，其中包括科学家的文化素质，更重要的是科学家个人的科学精神。第二，受自然条件、科学家主观因素、社会政治因素等多种因素的限制，中国古代科普作品写作工作耗时较长。由于科技发展水平、文化出版限制等原因，科普作品出版也成为问题，限制了作品的传播范围。另外，中国古代科普作品写作内容大多为经验性内容，缺少深层次的学理挖掘，这是由中国古代的社会文化环境造成的，对这一问题，李约瑟在《中国科学技术史》中有详细的论述。

通过对《本草纲目》成书过程及特点的分析，可以粗略地探讨出中国古代科

---

① 潘吉星. 18 世纪译成西文的七部中国科学著作. 情报学刊, 1992, 13（2）: 149-151.

普作品写作的一般概念，即通过科学家个人的主观努力，在科学精神等多种社会因素的影响下，对日常生活中出现的问题进行探究，写出经验性和操作性较强的面向社会大众的科学作品。

（二）近现代科普作品写作的基本内涵

近现代中国的科普作品增多，科普作品写作成了科普的重要方式，也涌现出一大批科普作家。科普作品所涵盖的年代包括清朝晚期、辛亥革命时期等多个历史阶段。所以，欲探索中国近现代的科普作品写作基本内涵，必须寻找经历中国近代多个历史时期的作家。竺可桢是中国近现代卓越的、影响深远的科学家、教育家、地理学和气象学的一代宗师，同时是著名的科普作家。据统计，竺可桢生前发表过的科普文章、科普报告的讲稿，以及未曾发表过的手稿油印稿达 160 篇[①]。由此，可通过探索竺可桢的科普作品了解中国近现代科普作品写作的一般规律，从而引申出中国近现代科普作品写作的基本内涵。

竺可桢既有深厚的国文功底，又曾留学美国，在哈佛大学取得博士学位，学贯中西。回国后，他相继在武昌高等师范学校、南京高等师范学校、东南大学、浙江大学等高等学府任教。新中国成立以后，他先后担任中国科学院副院长、中华全国科学技术协会副主席等职务，倡导科技普及工作。竺可桢出任中国科学院副院长一职长达 25 年，直至逝世，为中国科学事业奉献了自己的全部。他的科普思想、科普作品影响至今，对我国科普事业的发展起到了重要作用。

竺可桢在留美期间目睹了西方发达国家先进的科学技术，在学习先进、反思自己的过程中，他渐渐地意识到科学对于一个国家、一个民族的重要意义。"近世科学，好像一朵花，必得有良好的环境，才能繁殖，所谓良好环境就是'民众头脑的科学化'。"[②]竺可桢不仅在思想上认识到了科普的重要意义，还身体力行推广科普。竺可桢参与了《科学》杂志的编撰工作，回国后，仍然参与中国科学社的相关工作。作为中国科学社的骨干，他为中国科学社和《科学》杂志的发展做出了重大贡献。他不断在《科学》杂志上撰文，其中包括传播科学知识的科普文章和专业的研究文章，如《飞机救国与科学研究》《朝鲜古代之测雨器》《说风》《中国实验科学不发达的原因》《中国之体格论》《论早婚及姻属嫁娶之害》《中国之体格再论》《寒冬是否为水灾之预兆》《空中航行的历史》《钱塘江怒潮》《卫生与习惯》《食素与食荤之利害论》等。这些文章所介绍的是一些涉及卫生、体育及实用技术的知识。例如，《卫生与习惯》《中国之体格论》等着重向国人介绍基本的卫生知识、人体生理构造等；《寒冬是否为水灾之预兆》《钱塘江怒潮》重点介绍了

① 尚严伟. 竺可桢的科普思想及实践. 科普研究, 2007, 2: 49-54.

② 竺可桢. 论科学之不害. 东方杂志, 1936, 33: 335-338.

常见自然现象背后的科学知识，紧密联系生活；《空中航行的历史》《飞机救国与科学研究》介绍了当时先进技术的运行原理。这些文章深入浅出、贴近生活、引人入胜，对激励国人学习科学知识、摆脱封建落后思想束缚起到了重要作用。

新中国成立以后，竺可桢仍然关心科普事业的发展。在中国人民政治协商会议讨论共同纲领的过程中，竺可桢就建议增加科普内容，确定科普工作的重要地位。最终确立的《中国人民政治协商会议共同纲领》第四十三条规定："努力发展自然科学，以服务于工业农业和国防建设，奖励科学的发现和发明，普及科学知识。"作为中国科学院的主要领导，竺可桢不遗余力地推动科普工作的开展，无论是科普队伍的培养还是科普精神的传播，都有他的心血。75 岁高龄时，他还在为科教电影《物候学》的拍摄提供指导意见。

通过对竺可桢所著科普作品的阅读，可以看出中国近现代科普作品在创作主体、创作内容、创作方式和传播方式上都体现出新的特点。在创作主体上，近代科普作品的作者大多为专业研究人员，很多都是在一定领域取得杰出成绩的科学家。还有很大一部分作者有留学经历，具有中、西双重教育背景，对中国传统文化理解深刻，对国外先进技术有切身感受。在创作内容上，以贴近生活的科学知识为主，主要包括生理构造、卫生、自然现象、先进科技产品等，都是人们在日常生活中接触到或者具有强烈意愿了解的，同时重点介绍了科学精神。在创作方式上，创作时更多地体现为深入浅出，以一般性语言论述，而且凸显了文学性。在传播方式上，除了借助原有的书籍、报刊进行传播外，还有了专业的科普队伍，通过宣讲等形式扩大影响。

四、国外科普作品写作的基本内涵

相比国内开展较晚的科普作品写作，近代自然科学的发源地——欧美则更早地开启了科普作品的创作之路，并且创作水平位于世界前列。作为后起之秀，我们必须深入学习欧美等发达国家的科普作品写作经验，同时学习周边国家的经验，从而创造出更好的科普作品，为实现中华民族伟大复兴的中国梦贡献科学界的力量。

论及欧美科普作品的基本内涵，无法跳过一位作家，他就是美国科幻小说黄金时代的代表人物、世界顶级科幻小说家、科普作家艾萨克·阿西莫夫。阿西莫夫是使很多人走上科学道路的领路人，不仅创作效率高，所著作品达 400 多部，而且所写作品质量很高，其中最具代表性的是"基地三部曲"和《我，机器人》，除此之外，还有《钢窟》《裸日》《二百岁的人及其他故事》等。

阿西莫夫于 1920 年出生于俄国，随后迁居美国。他天资聪慧，有着超强的记忆力，而且格外喜欢阅读具有幻想性的文章。他早早地便读完了高中，进入哥伦比亚大学学习。在大学学习期间，他积极思考科普问题，并发表了人生中第一篇科幻小说《被放逐的维斯塔》，由此开启了阿西莫夫的科幻王国时代。

自近代科学革命发展，一批科学技术成果便进入了人们的视野，而且科技成果的发展速度还在逐步增快。蒸汽革命、电气革命在全球的广泛推进，更是加快了整个世界的节奏，生产节奏、生活节奏都在加速提高。"人们在整个生命的旅程中目睹这一切奇迹般的变化。一种人们从未产生过的崭新的意愿油然而生。他们以一种极大的好奇，渴望着知悉未来的一切。今后将会出现什么样的新发明和新事物？人们能学会飞行吗？能否亲眼看到遥远地区发生的一切？是否能够到达月球？"[1]正是这种对未来的强烈憧憬，使科普作品有了更广阔的市场、更广泛的需求群体。

阿西莫夫的两部代表作品正是在这个潮流中应运而生的，其中"基地三部曲"更是成为其代表之作。凭借着对科学的深入理解，加上自身所特有的严密的逻辑思维能力、优美的语言表达能力，他的作品深受广大读者的喜爱。"深奥的科学知识与复杂的社会话题，一经他的生花妙笔点缀，读来便毫无生硬之感，更添余韵无穷之妙。"[2]他的作品更多的是传递出对社会的关怀。他写的宇宙毁灭，其实是暗示我们生活的地球存在危机；书中的内容虽然是科技知识，但更多的是在潜在地宣传社会知识。通过对社会的描写以及对不合理制度的批评，引出人们对未来的向往，体现了科学家的历史使命。

研究阿西莫夫的创作过程，可以看出欧美作家在科普作品写作过程中与中国科普作家的不同之处。欧美国家的科普作品创作更多的是一种生活化的写作。创作之初，没有严格的步骤；创作过程中，也是比较随意的，内容随意穿插，情节自然发展，给人以真实感。这就要求作家具有很好的思维能力和文字功底。因此，欧美国家的科普作品更多地体现为一种自然化特点，强调猜想随意化、主旨社会化。让作家放飞想象的翅膀，以吸引读者兴趣为目的，但是最终要达到人文教育的目的，为社会服务。

第二节　科普作品写作的意义

科普作品写作的直接成果也许仅仅是一部作品，但其背后的意义是巨大的。一部好的科普作品，可以引起一代甚至几代人对科学的强烈兴趣，产生深远的影响。科普作品写作的价值主要体现为推动科学教育、科学传播、科学文化繁荣和

---

① 杨汝钧. 从阿西莫夫的创作观看科幻创作. 文艺评论, 1995, 3: 92-95.

② 尹传红. 科普巨匠这样炼成——纪念艾萨克·阿西莫夫诞辰 90 周年. 大众科技报, 2010-08-10: 2.

影视剧文学的发展。

一、科普作品写作推动科学教育

科普作品写作既是科学普及的一项准备工作，又是社会教育的一个重要组成部分，属于科学与教育两大重要领域的连接点。

科普作家将科学知识、科学方法、科学精神等写入作品之中，借助书籍的出版、报刊的发行向外扩散开来，逐渐被社会大众所接受。当一部部科普作品放置在人们的案头时，当科普作家的语言广泛在社会上流行时，科普作品本身所具有的价值便得到了体现。其实，科普作品在社会上广泛流行时，就在不知不觉地影响着人们，人们或者记住了某个作品里的主人公，或者总在不停地思考某个问题的答案，或者随着幻想家的思维开始想象着若干年以后的样子。

只要科普作品影响了人们的生活，无论是生活习惯还是生活观念，都与另外一个活动的含义是相近的，那就是教育。教育，是影响人的活动。无论是正规的学校教育还是早期的家庭教育，甚至是现在成为热点的社会教育，只要是教育，就会影响人，就会将一定的知识、观念传递给其他人。教育者和受教育者并无确定的范围。在学校教育中，教育者和受教育者的范围界定比较清楚，教师充当教育者的角色，学生作为受教育者来到学校接受教育。从广泛的意义上来说，教育存在于人类活动的每一个行为之中，这个社会中的任何一个人既可以是教育者，又可以是被教育者。一位教师，对于他的学生来说，是一名教育者；但是对于他的父母来说，他是受父母的影响长大的，因此他又是一名被教育者。

科普作品让科普作家的观点传递了出去，从而影响了其他人，也就是在进行着与教育相近的活动。科普作品也许会在孩子幼小时的家庭教育中出现，也可能会在学校教育中出现，或更普遍地出现在社会教育中。因为人们受正规、系统的学校教育的年限是固定的，而且在孩童时期由于发育不够完整、识字较少等原因，即使早期进行了科普的相关训练，成绩也不是非常明显。而社会教育则相反：第一，人们进入社会时，已经是一个独立的、完整的个体，具有行为能力，可以阅读一定的书籍，掌握一定的技能；第二，人们在社会中的生存时间远远超过在学校的受教育时间，可以学习更多的技能。

科普作品写作推动了社会教育的发展，重点是推动了社会教育中的科学教育。当科普作品出版发行之时，也是相应的科学知识传播之际，开启了社会教育中的科学教育。科学教育包括科学知识教育、科学方法教育、科学精神教育等，科普作品写作借助科普作品的形式，传播相应的科学知识，达到教育的目的，影响社会公众，提高公众的科学素质。

科普作品写作推动科学教育主要体现在以下两个方面：一方面，扩大了科学知识的传播范围，使更多的人成了受教育者，在不自觉中进行教育，突出了教育；另一方面，是教育的性质问题，科普作品写作在本质上是为科学普及工作服务的，因此，科普作品写作所推动的教育是涉及科学的教育，而非哲学、文学等其他领域的教育。这两个方面从本质上体现了科普作品写作的科学教育作用。

二、科普作品写作推动科学传播

科普作品写作将相关科学知识纳入特定的作品之中，当科普作品在市场上广泛流通时，就在无形中传播了书中所写的科学内容。科普作品写作直接推动科学传播，这是科普作品写作最基本的作用。

科普作家从下笔的那一刻起，就开启了科学传播的过程。无论是科普作家有意为之还是无心插柳去创作，科普作品最终都应到社会上流通。如果科普作品只是写作完成而没有流通，这样的科普作品就是不完整的。科普作品要具有普及的意思，也就是说，科普作品应该是广泛流通的。科普作品写作的完整过程应该是从科普作家下笔的那一刻一直到科普作品的社会流通，形成一定的社会效果，发挥科学知识普及的作用。

科普作品的创作过程是科学传播的前奏。在这一阶段，科普作家将复杂的科学知识简化，将科学语言转化为社会语言或是文学语言，因为科普作品的读者与专业论文的读者是不同的。由于受专业知识等其他因素的限制，科普作品必须要进行科学语言的转化，只有进行了这项工作，才是科普作品，这也是科普作品与学术论文的不同所在。在创作阶段，就应为科普作品的流通打好基础，为科学传播做好准备。

科普作品创作完成之后，便是科普作品走向市场、走上社会的阶段。科普作品的出版发行，标志着科普作品使命的完成，这也是科普作品写作的直接目的。科普作品的出版使科普作品能够抵达社会大众，扩大作品的影响，传播科学知识。一部好的科普作品往往可以激发人们的阅读热情，甚至在全社会形成一股学习某部分科学知识的热潮，成为人们茶余饭后谈论的焦点。

科普作品写作作为科普作品的关键部分，为科普知识的传播提供了平台，为科普知识走向社会大众插上了翅膀，推动了科学的传播。

三、科普作品写作推动科学文化繁荣

科普作品写作在传播科普知识的同时，也在深层次上推动着科学文化的繁荣。文化是人类社会的重要组成部分，而且越来越受到人们的重视。可以这样说，有人类存在的地方，就有文化，时时有文化，处处有文化。

文化分为很多类型，对文化的理解也是多种多样的。广义上的文化，泛指与政治、经济相对应的人类一切精神产品；狭义上的文化，如企业文化、饮食文化、校园文化等，特指某些部分或地区的独特文化特征。除此之外，文化还可以分为技术文化、社会文化和精神文化，这是按照文化的特定领域来划分的。科普作品写作在技术文化、社会文化和精神文化三个方面都推动了文化的繁荣。

第一，科普作品写作推动技术文化的繁荣。科普作品写作将科学知识等内容纳入写作过程中，这些内容包括先进的科学理论、科学技术成果、科学精神等。科普作品写作的过程本身就是一项涉及文化的工作，图书的写作、出版工作就是文化工作的一部分，科普作品在创作、出版的过程中，都深深地烙上了文化的印记。

第二，科普作品写作推动社会文化的繁荣。科普作品写作并不是一项单独的工作，无论是科普作家本人还是作品中的内容，都要紧密贴近社会、密切联系生活，不存在脱离社会的科普作品写作。科普作品从社会中产生，也会对社会产生一定的作用。科普作品往往可以引起读者的极大兴趣，在社会中广泛流通，甚至成为影响几代人的经典之作。例如，《十万个为什么》堪称经典之作，时至今日，依然可以在很多小学生的书架上看到。科普作品写作会在很大程度上促进社会文化的发展，改变人们的认知状态，引领社会文化新的发展。

第三，科普作品写作推动精神文化的发展。精神文化是人类社会中最深层次的文化。与物质文化不同，精神文化的表现形式是抽象的，影响也是持久的。科普作品以通俗的语言、引人入胜的故事、具有吸引力的科学内容，成为众多出版作品中的佼佼者，科普作品往往可以走进人们的内心。从这个角度来看，科普作品能够推动精神文化的发展，影响甚至改变人们的精神世界。

四、科普作品写作推动影视剧文学发展

科普作品走向市场之后，有一部分可以转化表现形态。有很多的科普作品已经不仅仅表现为图书的形式，而且被拍摄成影视剧。因为电影及电视具有通俗、简单的表现形式，能够吸引更多的观看人群，可以扩大影响力，所以一部分科普作品在具有较大的市场接受力之后，便转化了表现形态，开始转化为影视剧。

在科普史上，科普作品写作直接推动产生的影视作品不胜枚举。《阿凡达》在全球的热映，就是科普作品写作转化为影视作品的经典案例。《少年派的奇幻漂流》也是科普作品写作转化的经典作品之一。由此可见，科普作品写作在为相关的影视剧发展奠定基础。科普作家的构思、创造，加上电影制作的精细、规范，才使得一部部经典的电影作品呈现在人们的眼前。

第三节　科普作品写作的历史

早在古代，人类就已经在进行科普作品写作这项工作，尽管专业性不强，从事写作的人也不是专业的科学家，而是由文学家、政治家等进行"客串"，但是科普的内容是真实存在的，科普作品写作的过程也是真实的。因此，梳理科普作品写作的历史，需要从宏观的历史角度来观察。

一、中国科普作品写作历史

（一）古代科普作品写作历史

我国古典著作中有大量反映当时科技成果和科技思想的诗词、篇章。例如，《山海经》《书经》《左传》《国语》《淮南子》《史记》等中的古代神话与传说，包含了古人对物质世界奥妙的猜测、理解和幻想。

中国古代的科普作品写作主要集中于农学、历法和天文、中医和中药，这是因为中国古代的经济体现为农业经济，农学科普性质的著述表现为对农业的某种记载。例如，神农氏"斫木为耜，揉木为耒。耒耨之利，以教天下"（《周易·系辞下》）；《诗经·大雅》中对大禹治水的记载"丰水东注，维禹之绩"；东汉的《牛耕图》中二牛抬杠形式的图画等。此外，古代的科普著作多为农学典籍，如《氾胜之书》《齐民要术》《陈旉农书》《王祯农书》等。

中国古代农学科普典籍有一些理论总结，体现了一定的科学性。例如古代农业中的"三才"理论，《吕氏春秋·审时》中说"夫稼，为之者人也，生之者地也，养之者天也"，阐明了农业生产的三大要素是天、地、人，而且把人的因素列于首要地位。

中国古代的中医著作也大多是科普著作，宣扬的是辨证施治的医学理念。辨证施治里用阴阳、表里、虚实、寒热等辨证双方的互动解释医学现象，强调"人是一个整体"的中医观念，用十二经络学说把人的五脏（肝、心、脾、肺、肾）和六腑（胆、胃、小肠、大肠、膀胱、三焦）及八脉（阳维、阴维、阳跷、阴跷、冲、督、任、带）联系起来实施医治。《黄帝内经》其实就是最早的医学科普著作，包括《素问》《灵枢》两部分，共18卷162篇，主要论述人体解剖、生理、病理、病因、诊断等基础理论，兼述针灸、经络、卫生保健等。现代学者对它的解读也是基于医学科普的角度进行的。

中国古代的一些数学著作也是科普类著作。例如，张家山汉墓竹简《算数书》（约公元前186年），记录的是生活中的算术及其解答。在现存的中国古代数学著作中,《周髀算经》是最早的一部,书中涉及的数学、天文知识都是科普性质的,其中关于勾股定理的论述正是如此。例如,《九章算术》里讲:"今有上禾三秉,中禾二秉,下禾一秉,实三十九斗;上禾二秉,中禾三秉,下禾一秉,实三十四斗;上禾一秉,中禾二秉,下禾三秉,实二十六斗。问上中下禾实一秉各几何?"这样的例子就是一种古代智力游戏。《四元玉鉴》中"韩信点兵"的故事具有很强的科普性质。在点兵的时候,为了守住军事机密,不让敌人知道自己部队的实力,韩信先令士兵从 1 至 3 报数,然后记下最后一个士兵所报之数;再令士兵从 1 至 5 报数,也记下最后一个士兵所报之数;最后令士兵从 1 至 7 报数,又记下最后一个士兵所报之数。通过这种方法,他很快就算出了自己部队士兵的总人数。南北朝时期的数学著作《孙子算经》也具有科普性。其中有一道"物不知数"题目:"今有一些物不知其数量。如果三个三个地去数它,则最后还剩二个;如果五个五个地去数它,则最后还剩三个;如果七个七个地去数它,则最后也剩二个。问这些物一共有多少?"用简练的数学语言来表述就是:求这样一个数,使它被 3 除余 2,被 5 除余 3,被 7 除余 2。

中国古代内容最丰富的科普著作非《梦溪笔谈》莫属了。《梦溪笔谈》包括《笔谈》《补笔谈》《续笔谈》三部分,内容涉及天文、历法、气象、地质、地理、物理、化学、生物、农业、水利、建筑、医药、历史、文学、艺术、人事、军事、法律等诸多领域。就文体而言,《梦溪笔谈》属于笔记类。从内容上说,它以多于1/3 的篇幅记述并阐发自然科学知识,这在笔记类著述中是少见的。沈括本人具有很高的科学素养,他所记述的科技知识基本上反映了北宋的科学发展水平和他自己的研究心得,因而他被英国科学家李约瑟誉为"中国科学史上的坐标"。

中国古代的科普作品写作也渗透到文学写作中。四大名著中有大量的科普描写。[①]例如,《西游记》中,孕育孙悟空的仙石,为何三丈六尺五寸高二丈四尺围圆;天罡数与地煞数"36"与"72"两个神秘数字的来历;孙悟空的腾云之法与现代航天技术;孙悟空的"火眼金睛"与现代遥感技术;"五行山下定心猿",其中"五行"与中国古代的"五行"学说;紧箍咒是用什么金属做成的;妖魔点化楼阁与海市蜃楼有什么关系。《三国演义》里,关云长为何舞得动青龙偃月刀;诸葛亮隆中论天下的法宝;孔明借箭靠大雾;诸葛亮为何能借来东风;诸葛亮观天测风的本领从何而来;从关云长刮骨疗毒谈麻醉术的发明;诸葛亮火烧蛮兵中火药的来历;"木牛流马"的发明;司马懿观天文,星星坠落是否与死人有关。《水浒传》中,从杨志卖刀谈古代"宝刀"的炼制;吴用智取生辰纲,蒙汗药从何而来;武松为什么能打死大老虎;从宋江梦九天玄女想到人做梦的秘密;为何刚好是 108 位好汉;水银为什么会使卢俊义中毒而亡。《红楼梦》里,"红绡帐里卧鸳鸯","鸳鸯"是否是爱

---

① 隋国庆. 四大名著中的自然科学. 武汉:湖北少年儿童出版社,2009:1-10.

情的象征；气血双补的人参养荣丸如何制作；为何莫把林黛玉的娇柔纤弱誉为美；如何从贾宝玉擦牙谈古人的护齿方法；王熙凤银箸试菜毒，能否试出来；贾敬之死是何因；秦可卿患病，心病还须心药医是何意；等等。

明代李时珍的《本草纲目》是一部药学典籍，也是药学科普著作。李时珍出身医生世家。他从 1552 年开始编写《本草纲目》，历时二十余年，该书所创造的价值不局限于药物学领域，还包括博物学、植物学、生物学领域，被翻译成日文、德文、法文、拉丁文、俄文。达尔文的《人类的由来及性选择》曾引用《本草纲目》的材料来说明动物的人工选择。

明代徐光启的《农政全书》是中国古代历史上著名的科普著作之一。万历三十五年（1607 年）至三十八年（1610 年），徐光启进行农业试验，写了《甘薯疏》《芜菁疏》《吉贝疏》《种棉花法》《代园种竹图说》等农业著作。除天文、历法、数学等方面的工作以外，他还亲自练兵，负责制造火器，并成功地击退了后金的进攻，著有《徐氏庖言》《兵事或问》等军事方面的著作。

（二）中国现当代科普作品写作历史

在我国，伴随着新文化运动"科学"与"民主"精神的提倡，涌现出了一批热心科普创作、成绩颇丰的人物，如竺可桢、戴文赛、顾均正、茅以升、高士其、贾祖璋、叶永烈及郑渊洁等。

1973 年 6 月 19 日，我国著名气象学家竺可桢在《人民日报》上发表了《中国近五千年来气候变迁的初步研究》，还在《科学大众》1963 年第 1 期的"一门丰产的科学——物候学"版块发表文章《大自然的语言》，后者被作为中学教学范文。竺可桢的其他论著包括《中国气候区域论》（1930 年）、《东南季风与中国之雨量》（1934 年）、《中国气候概论》（1935 年）、《物候学》（和宛敏渭合著，1963 年、1973 年）等。《论我国气候的几个特点及其与粮食作物生产的关系》一文阐明了我国丰富的气候资源和开发利用的正确途径。

戴文赛（1911—1979）是我国著名天文学家、天文教育家。北平解放的前夕，他写了一本科普著作《太阳与太阳系》，影响很大。

顾均正（1902—1980），浙江嘉兴人，科普著作有科普小品集《科学趣味》《电子姑娘》《科学之惊异》《不怕逆风》，以及科学小说集《和平的梦》等。

高士其（1905—1988），原名高仕錤，祖籍福建福州，生物学家、化学家。高士其以伤残之躯，撰写了约 75 万字的科学小品和科普论文、2800 余行科学诗，著书 18 种，主要有《揭穿小人国的秘密》《生命的起源》《和传染病作斗争》《我们的土壤妈妈》《谈眼镜》《炼钢的故事》《高士其科学小品甲集》《高士其科普创作选集》等。他认为科学与文学结合是推动社会进步的一种好形式。高士其的科普文章的特点是融科学、文学与政论为一体，夹叙夹议，既通俗浅显又生动形象。

他的代表作有《菌儿自传》《人生七期》《人身三流》《细胞的不死精神》《病的面面观》《霍乱先生访问记》《伤寒先生的傀儡戏》《寄给肺结核病贫苦大众的一封信》《听打花鼓的姑娘谈蚊子》《鼠疫来了》《床上的土劣》等。

贾祖璋（1901—1988），浙江海宁人。1920 年，他毕业于浙江省第一师范学校。他的《花儿为什么这样红》《南州六月荔枝丹》《兰和兰花》《蝉》被选入中学课本。1934 年，《太白》杂志开辟"科学小品"专栏。贾祖璋与周建人、顾均正等为这个栏目撰稿创作科学小品 100 多篇，不少作品被《新华文摘》选载。1988年科学普及出版社出版了《贾祖璋科普文选》一书。

当代科普作家主要有叶永烈、林之光等。叶永烈，浙江温州人，曾先后创作科幻小说、科学童话、科学小品、科普读物 700 多万字。1959 年，还在北京大学上学时，他就写了一本科学小品集《碳的一家》。后来叶永烈为《十万个为什么》写了 500 多篇科普小品。林之光，江苏太仓人。科普著作有《气象万千》（中国科普佳作精选）、《中国的气候及其极值》（中国自然地理知识丛书）及《气象与公众》（金苹果文库）等。他不局限于对科学知识的阐述，而是注重弘扬科学精神，宣传科学思想和科学方法。他的作品通俗易懂，引人入胜，做到了科学性、可读性、趣味性的统一。

二、国外科普作品创作历史

（一）近代欧洲的科普作品创作历史

近代欧洲虽有一些科普文学作品，但在欧美文学史中表现并不突出，其科普作品写作很多是由科学家完成的。例如，著名科学家法拉第的科普名著《蜡烛的故事》，就是其坚持 19 年举办圣诞节少年科学讲座的结晶。

还有一些科普作品是观察所得，如近代颇负盛名的科普著作《昆虫记》，被誉为"昆虫的史诗"。

（二）现当代欧美的科普作品创作历史

赫伯特·乔治·威尔斯是英国著名小说家、新闻记者，他因于 1895 年出版《时间机器》一举成名，他创作的科幻小说在当代科普科幻领域影响深远，如"时间旅行""外星人入侵"等都是 20 世纪科幻小说中的主流话题。

美国的阿西莫夫等则为科幻小说黄金时代的代表人物，他于 1941 年发表的作品《环舞》（*Run Around*）中第一次明确提出了著名的"机器人三定律"。以其名字命名的《阿西莫夫科幻小说》杂志，仍然是美国当今最流行的科幻文学畅销杂志。他的两篇科普短文《恐龙无处不在》《被压扁的沙子》被选入中学语文课本。

　　1999 年美国著名的西格马·克赛学会的会刊《美国科学家》进行了一次 20 世纪最有影响力的科普著作评选。做法是，先请很多科技人员提出了 80 种左右的图书，列出书单，然后请著名科学家（也是科普作家）菲利普·莫里森及其妻子菲莉丝·莫里森审定。莫里森夫妇可不受备选书单的限制自行增删，最后有 104 种书籍入选。莫里森夫妇将它们分为 9 类。第一类即"传记"类，有达尔文的《自传》、詹姆斯·沃森的《双螺旋》、弗里曼·戴森的《宇宙波澜》、费曼的《费曼先生，你肯定是开玩笑》等，共 5 种。第二类即"指南"类，有《观鸟指南》《牛津英语词典》等共 10 种。第三类即"物质科学"类，共 23 种，如伽莫夫的《从一到无穷大》和霍金的《时间简史》。第四类即"科学史"类，有贝尔纳的《历史上的科学》和李约瑟的《中国科学技术史》等共 9 种。第五类即"科学反思"类，有范内瓦·布什的《科学——没有止境的前沿》和斯诺的《两种文化》等共 6 种。第六类即"多彩生命"类，包括蕾切尔·卡逊的《寂静的春天》、劳伦茨的《所罗门王的指环》、雅克·莫诺的《偶然与必然》、薛定谔的《生命是什么》等共 17 种。第七类即"生命进化"类，包括古尔德的《自达尔文以来》和道金斯的《盲眼钟表匠》等共 6 种。第八类即"人类的本性和崛起"类，包括布罗诺夫斯基的《科学与人类价值》和德日进的《人之现象》等共 24 种。最有趣的是第九类"小说"类，共 4 种，包括诺贝尔文学奖获得者库尔特·冯尼格的《翻绷绷》等。①

　　进入 21 世纪后，欧美科普文学有了新变化，那就是把自然揭秘与摄影和摄像技术联系起来。比如，《怎样观察一棵树：探寻常见树木的非凡秘密》是一位文字作者和一位摄影作者合作的作品。南茜·罗斯·胡格是文字作者，已经写作 30 多年了，其写作内容和园艺相关；摄影作者罗伯特·卢埃林则是一位有 40 多年经验的专职摄影师，拍摄了大量优美的风景照片，他的摄影集《首都华盛顿》成为美国领导人用来赠送的外交礼物。显然，对于这样图文并茂的科普作品来说，由专门的文字作者和专门的摄影作者合作，是相对容易的写作方法。在中国大获好评的译著《视觉之旅：神奇的化学元素》也是由一位文字作者和一位摄影作者紧密合作完成的。

　　科学与文学是相距较远的学科，一种致力于自然探索，一种致力于人自身灵魂的探索，似乎很难有某些共同点。但是历史上一些科学家通过自身的努力使得科学具有文学特性而进入文学领域，而一些文学家则自愿加入科普作品写作队伍，使得科学的内涵和精神发扬光大。而今，科普创作成了文学创作的主要组成部分，开启了科普作品创作的新时代。

---

① 武夷山. 国外科普作品观对我们的启示. 光明日报，2000-11-02：12.

第二章　科普作品的基本特征

科学技术进入高速发展期，每天都有新的科技成果问世，不仅自然科学各学科之间出现了日益明显的相互渗透的趋势，自然科学和社会科学之间的这种趋势也同样存在。伴随着新媒体的出现，读者的阅读兴趣、阅读习惯随之发生了变化，个性化需求不断涌现。科普作品创作应该与时俱进，不但始终需要与世界范围内的最新科技理念和最新科技信息保持密切的联系，而且需要了解科普文本必备的基本特征，做到科学性、文学性、通俗性、趣味性等相结合。

第一节　科　学　性

在科普作品的基本特征中，科学性是科普创作绕不开的一环，科普作品是传播科学知识的载体，科学性是其核心。科普作品创作的目的是让更多的人了解科技知识，并对科技知识感兴趣。如果缺乏科学性，科普创作的目的就无法达到。因此，科学性是科普作品创作中非常重要的特征。

科学性不是空洞的概念，具有丰富的实际内容，包括以下含义。

一、真实性

事实是科学家的水和空气，是真实可靠的材料，是科学理论的基础。缺少事实或以不可靠的材料作为依据，只能导致谬误的产生。

相较于"不属于真实的领域"（高尔基）的文学，科普作品更注重真实性，因为科学是对真实和真理的探究与发现，离开了真实性，科学性将不复存在。从这个意义上说，科普作品的科学性就是真实性。

道听途说不能成为科普的材料，也不能信口开河。譬如，"西双版纳发现了野人""六六六是试验了六百六十六次才成功"这类讹传，都不应该在我们的科普作品中出现。

科普创作不仅要注意具体材料是否真实，还应注意所阐述的科学理论是否真实。科普作品中要宣传科学，而不能宣扬"精神可以与肉体分离""人的思想意识也是独立存在的物质"等伪科学。

不要以为凡是冠以科学名义的东西都是科学的，也不要认为记载在科学著作中或出自科学家之口的必定是在讲科学。要知道，西方国家中信仰上帝的科学家还不少，相信"降神术"的科学家也并非个例。假借科学之名、实际在传播伪科学的书刊，更能以其怪诞的内容吸引许多读者。值得注意的是，这些外来的伪科学，在科学昌达的今天，竟能披上科学的外衣侵入科学园地，这应该引起我们的高度重视。要运用科学的严格概念与严密的方法，运用唯物辩证法这个锐利的思想武器，去识别伪科学，保证科普作品的科学性。

二、准确性

准确地表现科技内容，是保证科学性的一个重要方面。真实与准确，是两个既有差别又不可分割的概念。表现不真实的东西，无准确性可言；真实的东西，如果被表现得不准确，那么我们看到的仍不是事物的本来面目和本质。

在科普作品中，对概念、事实、数据、语言的使用，都要准确。

（一）概念要准确

科学中的概念，是对客观事物的科学抽象，常用专门的名词术语来表示。在科普作品中，如何通俗且准确地阐述这些概念，恰当地使用和解释这些名词术语，是不可回避并必须解决的难题。这要求作者对它们的历史源流、发展过程、内容含义等方面都要有充分的了解，融会贯通，方能准确表达。一知半解，望文生义，妄加解释，势必造成谬误。

（二）事实要准确

进行科普创作，不仅要有事实根据，对事实的描述还应具体确切、形象无误，细节不能失真。作为科普创作所使用的事实材料，应当有可靠的来源，经得起查证。创作的时候，应将可以得到的各种材料进行比较，核实无误后，方能使用。为了满足创作上的主观需要，夸大、缩小、歪曲事实都是不允许的。要做到事实上的准确，就必须实事求是。

（三）数据要准确

科普创作经常需要使用数字来表示空间、时间，说明事实的质与量，缺少必要的数据，科学性显然会被削弱，数据有误更是对科学性的破坏。因此，要反复核对科普作品中的各种数字，保证准确无误。做到数据准确，不仅有助于培养严谨的作风，而且能够推动科普作者去深入了解自己所要普及的科学技术。

（四）语言要准确

在科普作品中，科学技术的内容主要是通过语言文字来表达的，表达得是否准确，与能否保证科学性关系重大。语言文字的运用，要服从科学性的需要，不可以辞害意。比如，"青蛙张开了血盆大口""第四纪时中国到处冰流成河""火山爆发时硝烟弥漫"等，都不符合实际，超过了科普作品允许的艺术夸张的范围。即便是使用拟人手法也要有分寸，譬如，把人类才有的道德伦理观念不适当地强加给生物来表现，就会使我们不能正确理解生物学上的含义。准确是科学性的表现，也是科普作者应有的文风。

三、全面和发展的观点

科学家认识世界，着重在所研究的领域；科普作者面向社会普及科学，需要把自然和人生统一起来考虑，特别是需要从总体和各个方面的相互联系上来认识自然。当然，这不是说每一篇作品都得做出全面的反映，但应以这种思想来指导创作。

例如，用化学药物给草原灭鼠，单就灭鼠的要求来看，说它经济有效，并没有错。但药物所至，玉石不分，施用不当，草原上的资源会因此受到破坏，生态失去原有的平衡，产生对人类不利的后果。在我们讲述这些问题的时候，利弊都应该讲到。

我们讲保证科学性，是说应该以科学的态度反映人类已经获得的科学认识。这个认识是不断发展的，我们应及时把科学上的新发现、新成果吸收进来，普及先进的科学技术。因此，科普作品不仅要反映最新的科学成就，而且应该利用它启发新思想，提出新课题，进而推动科学的发展。

第二节 文 学 性

科普创作要把科学知识形象化，用文学的手段加以表现，用文学的形式讲述科学的道理，是文学与科学的完美结合。文学性体现在以下方面。

一、情节引人入胜

科普创作的成功与否不在于作品中科学技术的难易，也不在于是否有精美的图片，关键在于是否用文字编制出可以使读者体验某种过程的情节，并把科学和技术的内容融入其中。例如，《昆虫记》讲述了人们身边那些看起来不太起眼的昆虫的故事。杨柳天牛像个吝啬鬼，身穿一件似乎"缺了布料"的短身燕尾礼服；小甲虫"为它的后代做出无私的奉献，为儿女操碎了心"；被毒蜘蛛咬伤的小麻雀，也会"愉快地进食，如果我们喂食动作慢了，他甚至会像婴儿般哭闹"……《物理世界奇遇记》通过一个普通市民汤普金斯先生在梦中的奇遇和一位教授的若干演讲，介绍了现代物理学和宇宙学的相关知识：相对论、量子论、统计物理、原子和原子核结构理论、基本粒子、大爆炸理论等，文字幽默生动，深入浅出。

科普作品大多有情节。在这些情节中，间或有人物出现，不过表现的主要不是人物的性格或相互关系，而是自然或科学的事件，以及自然界诸事物之间、自然与人类之间的关系等。比如，火山爆发的图景、强烈地震时山崩地裂的场面、农药污染使春天变得寂静的形象等，都是足以使人惊心动魄的情节；而企鹅从结成配偶到育子，其间不少情节则颇有点缠绵悱恻的味道。这里的情节固然和一般所说的情节的含义有所不同，但缺少这类情节会令作品索然无味。

我们常说，教科书式的作品平铺直叙，不能引人入胜的一个重要原因就是缺少情节。如果讲述一座火山的诞生时，仅仅叙述它的形成时间、达到的高度和抽象化了的科学结论，那确实是枯燥的，但如果能描绘出它诞生的细节，就会很吸引人。

科普作品不仅要有情节，情节还要安排得当，有高潮、有低谷，跌宕起伏方能引人入胜。只要我们是按自然和科学本身的规律来安排情节的，就不会削弱作品的科学性。董纯才的《凤蝶外传》就是一个成功的实例。这部作品以讲故事的方式介绍了美丽凤蝶的一生，饶有趣味。凤蝶的一生虽然短暂，但其生命形态却是多姿多彩的。按照凤蝶成长的过程，文章第一部分写凤蝶出卵；第二部分写凤蝶蜕变，即凤蝶的幼虫变为蛹的过程；第三部分写幼虫成蛹，蛹的生活还是个谜，所以作者用形象化的语言表述为"它始终保守秘密"；第四部分写由蛹化蝶，这是凤蝶完成了质的飞跃；第五部分写凤蝶采蜜，这是它的主要工作；第六部分写凤蝶的繁殖；第七部分写凤蝶的死亡；卵生完了，使命完成了，凤蝶的生命也就终结了，这是出蛹后的一个月光景。这里有一个比喻——"好像一盏油灯，因为油点干了熄灭了一样"，油尽灯枯，就是凤蝶的终结。文章描写得真实生动、细致入微，更为重要的是，作者把凤蝶从出卵到死亡的一生写得跌宕起伏，引人入胜。

二、理性之美与感性之美的巧妙结合

科普创作要做的不是一般性的知识介绍，更不是将科技知识一股脑儿地灌输给读者，甚至强迫读者接受，科普的目的是使读者自己对科技知识产生兴趣、乐于接受并进行进一步的探究。同时，科普创作不仅仅止于对科技知识本身的宣传和倡导，还在于揭示蕴含于科技知识中难以为人所知的深刻内涵。一部合格的科普作品应该将科学的理性之美和感性之美相结合。在科普作品试图清楚地讲述科技知识的同时，不能忘了使读者看到科技知识背后的深层内涵，甚至是探究科技知识过程中所展示的智慧。

美国作家蕾切尔·卡逊的作品《寂静的春天》揭露了人类滥用杀虫剂而导致的灾难。卡逊在这部作品中提出，人类惯于站在自己的角度，根据自己的喜好来决定自然界其他事物的消长、去留，然而这样终将导致破坏和毁灭。人与自然和谐相处才是长久之计，她呼吁人类根据自然和自己的需要主动帮助自然控制自身的平衡。《寂静的春天》产生了巨大的影响，引发了美国国内大范围的讨论，使得美国建立和完善了生态观念，并使这一观念在美国政治、法制、社会生活中产生了广泛而深远的影响。

相较于蕾切尔·卡逊通过揭示人类对自然的行为将产生的严重后果，使人类投入对生态的关注，中国的科普作家尹传红则从当前人们热议的转基因食品着手，关注食品安全。"吃"在人们眼中最为普遍，但又极其重要，《吃的困惑》正是通过分析"吃"背后的隐患，将作者对当前时事热点——食品安全问题的观察、研究和思考传递给读者。由此看来，理性之美是科普作品不可或缺的特征之一。

在创作科普作品的过程中，必须注重"理"，但"情"也同样重要。高士其就曾通过《怎样写科学小品》，提出并强调了情感和生命在科普创作中的重要作用。科普作品具有文学性，文学自古至今以引发读者内心的情感而动人，这也是科普创作应该借鉴的。

布封的科普作品《天鹅》，在细致描摹天鹅优雅的姿态和泰然的神态之中，毫不掩饰地表达了作者对天鹅各种品质的热爱和欣赏，在描摹之余进一步抒发自己对天鹅的喜爱之情。例如，文中写道，"它有威势，有力量，有勇气，但又有不滥用权威的意志、非自卫不用武力的决心；它能战斗，能取胜，却从不攻击别人"，这就将天鹅拟人化，将天鹅的温和、低调、不争强好胜直接道出。天鹅虽拥有实力，但从来不主动引起争端，若"别人"胆敢主动侵犯它，它也不是好欺负的。布封笔下天鹅的品格，比许多人的品格显得更为高贵、优雅。如果不是出于喜爱，怎么会把天鹅描写得如此可敬可贵？又如，"它不在我们所能强制或幽禁的那些奴隶之列。它无拘无束地生活在我们的池沼里，如果它不能享受到足够的独立，使它毫无奴役俘囚之感，它就不会逗留在那里，不会在那里安顿下去"，将天鹅热爱自由，从不向"主子""暴君"等低头的天性一一道出，使人们产生困惑，这哪里是在描写天鹅，分明在描绘一个人。是的，作者是在将自己的理想、自己的向往、自己对人生的态度和自己的情感一股脑儿寓于天鹅这一拥有高贵、优雅形象与喜爱清静、自由的个性的动物之中，充斥于文章之中的是作者本身对自由、和平的向往，对暴君、不平等的厌恶。这正如劳伦兹在他的《所罗门王的指环》序言里所表达的，一位作家如果怀着诚挚的情感，怀着对生活的热爱，能将自己与自然及其他事物相融合，必将成为一个叙写动物故事的高手。因为只有真正对生活及周边事物有着诚挚的喜爱之情，他才能够如此细致入微地感受自己的生活及周边环境，并能深入观察每一个细节。这样的人应当是非常快活的，因为出于对生活的热爱，这些被他体验与观察到的事物总能使他快乐，使他发自内心地舒服，这样所描写出来的动物故事、宇宙奥秘也同样向读者传递了他的快活，使阅读他的作品的人也快活起来。

地质学教授、科普作家刘兴诗根据自己在灾区的见闻，加上自己长年研究地质学积累下来的专业知识和独到见解，写出了《山河震撼：行走在汶川大地震中》一书。在书中，作者以汶川大地震为切入点，不但详尽地介绍了地震的相关知识，而且将自己在汶川地震灾区的真实感受一一道来，这样真挚的情感，使读者感觉仿佛就身处汶川地震灾区，且与受到地震灾害伤害的灾民一起感受人类在地震面前的脆弱与伟大。

三、细节描写形象感人，富有生趣

形象化是文学性的重要体现，细节描写会将描摹的对象形象化。科普作品借助具体的细节描摹，将枯燥、概念化甚至抽象难以理解的科普知识写得生动有趣，这是科普作品文学性的重要体现。

科普创作者不仅要掌握书本上的理性知识，还应具有丰富的感性知识，即实地观察自然或做科学实验，这样才可以把文章写得生动活泼些。董纯才的《凤蝶外传》来源于作者实际观察掌握的第一手材料，再加上生动形象的描摹，使作品具有强烈的感染力。法布尔的《昆虫记》将各种昆虫的形态和习性描述得细致入微，使读者阅读时如同亲身伴同法布尔在炎日下或密林中观察一样，这首先是由于法布尔讲的是自己亲身观察的成果。

四、艺术手法多样，文学感染力强

在文本中巧妙地使用修辞手法，是增强作品形象性的一个重要手段。尤其是科普作品，大多讲述的是抽象的、广大读者所不熟悉的领域的事物，如何吸引读者的阅读兴趣，将深奥的科学技术知识介绍得深入浅出，借用文学创作中的表现手法是途径之一。

（一）比喻

在文学作品中，巧妙的比喻可以传神。在科学技术领域中经常用比喻来描述科学概念。有人说："比喻是思想的翅膀。"虽然这话的含义并不十分确切，但比喻确实是帮助人们接受科学概念的好方法。在科学技术普及读物里,用人们熟知的事物做出的贴切的比喻,可以浅显生动地揭示事物的本质,用不多的笔墨解释深奥的名词术语,给抽象的概念以非常形象的说明,使人了解抽象的道理。科普创作者常常运用比喻,使得原本枯燥无味的专业知识变得生动而具有趣味性,这样的例子非常多。例如,把"半导体集成电路"比作"44 瞄准镜下的城市",比喻使原本刻板的知识变得灵动而有趣味,易被人们接受。

在作品创作层面,比喻这一修辞手法是形象思维的产物,作者充分发挥自己的想象,用生活中的所见所闻构建出多种多样的形象,用人们司空见惯的事物形容人们所不了解的事物,使人们对这一事物产生亲近感,从而产生了解这一事物的兴趣。这一修辞手法用于科普创作,能使作品引人入胜,调动读者了解科技知识的热情,从而达到传播科技知识和人文理念的目的。

（二）比衬

有些事物和道理比较抽象、深奥,读者不容易理解,作者可以找出读者熟悉的比衬对象,讲清它们之间的关系。例如,茅以升的《桥话》在谈到桥的运动时,将车在桥上通过与人坐在长板凳上进行比较,引发读者联系自身体验去接受作品传递的知识。贴近生活的比衬,有利于读者对内容的理解与吸收。

（三）虚拟

科普作品中也常常设计一些在现实生活中根本不存在甚至十分荒谬的虚拟条件,目的是更形象地说明主要的科学问题。虚拟是一种艺术手法,可以借助它更好地阐述科学技术知识。太阳请假了,地球突然停转了,引力消失了,这都是不可能的,但通过这些虚拟的条件,能更深刻地讲述太阳的光和热的作用,以及惯性、引力的知识。这就启发了读者的想象,使读者学会从错综复杂的自然现象中抽出某一个现象进行研究,也可以反过来,学会综合而全面地考虑问题。

有时候虚拟条件可以达到"荒诞"的地步。例如,苏联扬·拉丽的《昆虫世界漫游记》中的兄妹二人喝了药水就缩小成几厘米长的小人,骑在蜻蜓身上飞到沼泽地去历险。作者并不是以此来表现一种科学幻想,而是通过这种手法栩栩如生地表达许多种昆虫的生态、习性等,给读者以实实在在的科学知识,其效果是一般叙述体裁的科普读物所不能比拟的。

（四）引用

使用引用会增强作品的文艺性,还会扩大作品的信息量,极大地调动读者的人文情感。恰当地引用不仅可以帮助科普作品实现科学性,还会因为引用文本本身的艺术魅力增强科普作品的情趣美。例如,我国天文学家戴文赛的科普文章《牛郎织女》，就先后引用了《荆楚岁时记》《后汉书·天文志》《史记》《焦林大斗记》，以及秦观的词《鹊桥仙》和话剧中的歌词等，这些引用的内容不仅丰富了作者要表达的科学内容，还增强了作品的艺术性。

第三节　通　俗　性

科普创作的目的原本就是向更广泛的人群普及科技知识，使得多数读者能理解和消化自己所普及的科技知识。因此，通俗性原则在科普创作中很重要，科普创作必须做到通俗易懂。保证科普创作的通俗性必须具备以下几个因素。

一、有趣的事例

一部科普作品，应当帮助读者从原理和整体上把握该项科学技术的实质，为读者提供科学技术方面必要的基础知识，有的还要提供读者运用该项技术解决实际问题的方法，而不是一些离散的、割裂的、片断的资料堆积。但是，人们要认识一般的、抽象的规律，必须从个别的、具体的事物开始。在科普作品中，如果不举出恰当的事例，就很难把问题说清楚。许多科普作家在构思的时候，总是着意搜寻既反映普遍规律又使读者感到新鲜有趣的例子，精心地把它们安放在作品中最合适的位置上。王梓坤的《林黛玉的学习方法》，以林黛玉教香菱写诗的方法为例，导入学习自然科学的方法；杨雄里的《大脑的不同部位怎样分工》，通过若干个临床病例，谈到了大脑部位的不同分工。何祚庥以《水浒传》中的李逵用典型的具体实例，引出一般性的概念、规律，这是使科学技术通俗化的重要手法。当然，也可以从全面情况综合分析，再用具体实例来说明。梁思成的《千篇一律与千变万化》为了说明建筑艺术上的重复与变化问题，以大家都熟悉的音乐作为例子，从舞台艺术、绘画艺术等多角度来说明问题。事例的使用使说明的事理更为鲜活、生动、有趣。

二、切身的体验

许多科普创作，源于作者的亲身经历或亲自实践，作者将这一过程如实地记录了下来。这些作品由于来自生活实际，因而更具亲和力。张文佑的《科研追求的目标》从李四光先生对自己的影响谈起，结合自己科研工作的实际及体会，总结出科研追求的目标是：敏于观察，勤于思考，善于综合，勇于创新。丁肇中的演讲稿《应有格物致知精神》，他结合自身体验谈到了实验精神在科学上的重要性；裴文中的《重访龙骨山》以自己75岁高龄时重访龙骨山的所见所闻构思全文，中间穿插了旧石器时代北京人的相关知识，读来真实可信；伍律的《蝮蛇怎样捕食小鸟》讲述了自己亲眼看到蝮蛇捕食小鸟的过程，生动的讲述，再加上对心理活动的描摹，使读者仿佛有身临其境之感。

三、通俗的语言

科普作品要求语言明快，句子短小，段落分明，波澜起伏，避免平铺直叙。

比如，著名科普作家高士其的科学散文《笑》富有文采，像诗一般美：

笑，你是嘴边一朵花，在颈上花苑里开放；你是脸上一朵云，在眉宇双目间飞翔。

让全人类都有笑意、笑容和笑声，把悲惨的世界变成欢乐的海洋。

在前一句中作者将"笑"比作"花"与"云"，将"笑"描述成"在颈上花苑里开放"表述了"笑"这一行为是从颈上开始的，而"在眉宇双目间飞翔"的"笑"则指真挚的笑意是在眉目之间的，使得眉目更为动人。在这里，"笑"能使我们的眉目更为动人、容貌变得好看。这段文字不但将"笑"这一行为从何而来、呈现出什么状态、有什么功能清楚地说明了，而且"花"和"云"这两个如此美妙而有意境的事物，更是将"笑"的美呈现在大家面前。后一句是从情感层面描述"笑"的，"悲惨的世界"和"欢乐的海洋"这一鲜明的对比道出了"把悲惨的世界变成欢乐的海洋"是一件非常不容易的事情，然而，这么不容易的事情，只要笑一笑就能做到，可见"笑"在调节情绪时所发挥的巨大作用。作者在这里说明了"笑"调节情绪的作用，又不动声色地表达了希望人们都能乐观、积极、快活的愿望。

看起来如此简短而直白的话语中却蕴含了"笑"这一行为的相关知识介绍，又表达了作者的主观愿望，其科普创作功力可见一斑。用来比喻"笑"的不过是"花"和"云"这些人们熟悉的事物，"悲惨的世界"和"快乐的海洋"的说法也随处可见，这样通俗的表达方式将本来枯燥难懂的专业术语与科技知识变得简单易懂，让更多的读者能够看懂因而了解到相关知识。

专业术语如何通俗化，是科普创作者经常碰到的一个重要问题，处理不好，这些常成为读者阅读时的绊脚石。解决办法是，要根据读者对象和创作目的精心选择，在它第一次出现的时候，给予通俗的解释，用生活中的语言去描述它，用生活中人们所熟悉的事物去说明它。

梁思成的科学小品《千篇一律与千变万化》中有以下这样一段话：

至于颐和园的长廊，可谓千篇一律之尤者也。然而正是那目之所及的无尽的重复，才给游人以那种只有它才能给人的特殊感受。大胆来个荒谬绝伦的设想：那800米长廊的几百根柱子，几百根梁枋，一根方，一根圆，一根八角，一根六角……一根肥，一根瘦，一根曲，一根直……一根木，一根石，一根铜，一根钢筋混凝土……一根红，一根绿，一根黄，一根蓝……一根素净无饰，一根高浮盘龙，一根浅雕卷草，一根彩绘团花……这样"千变万化"地排列过去，那长廊将成何景象！

这段文字一开场，道出颐和园长廊千篇一律的特征，看起来似乎含有不赞同的意味。到第二句，作者话锋一转，竟然说出千篇一律正是颐和园长廊的独特所在。让读者在感到奇怪之余，不禁想往后读，接着作者做了一个极端的假设，将极致的"千变万化"描述出来，引发读者对这一"千变万化"情景的想象，作者极其细致地将长廊的一木、一石、一红、一绿等一一道来，让读者脑海中的景象更为清晰、逼真，将这样荒唐的景象和原来千篇一律的景象做对比，任谁都会觉得还是千篇一律好。总之，作者用形象的语言描述了如果颐和园的长廊在建筑风格上千变万化会出现什么样的后果。这段话句子短小、风格典雅、明快，尤其是结尾一句的反问使人不得不深思。在细致描绘人们易于想象的景象的同时，作者也将长廊建筑为什么会千篇一律的理由说得再清楚不过了。

再如，茅以升的《桥话》中有这样一段话：

桥的上下结构是有矛盾的。要把桥造得同路一样坚固，上部结构就要很坚强，然而它下面是空的，它只能靠下部结构的桥墩作支柱，桥墩结实了，还要数目多，它才能短小精悍，空中坐得稳。但是，桥墩多了，两墩之间的距离就小了，这不但阻遏水流，而且妨碍航运。从船上人看来，最好水上无桥，如果必须造桥，也要造得有桥恍同无桥，好让他的船顺利通过。桥上陆路要墩多，桥下水路要墩少，这矛盾如何统一呢？很幸运，在桥梁设计中，有一条经济法则，如果满足这个法则，就可统一那个矛盾。这个法则就是上下部结构的正确比例关系。

上述一段文字主要讨论的是，如何构建桥梁上下结构，避免上下结构的矛盾。作者首先便将桥梁的上下结构问题抛出来，先将桥与路对比，桥的上部结构如若和路一样坚固，但是下部结构是空的；然而要稳固下部结构，就得多建桥墩，桥墩多了也有弊端，水流和航运会受阻。作者从桥上过桥人的视角看来，桥若是如路坚固就好；从桥下船中人看来，桥限制了他们的航运空间，无桥更好。最终提出桥的上下结构的构建必须按照一定比例这一解决方案。这段语言通俗易懂，简洁明快，将抽象的道理讲得生动有趣。

四、精美的插图

好的插图能以形象助文字，常常收到文字达不到的效果。在科普创作时，应同时选出插图或照片，或者画出插图的构思草图，以与文本相呼应，并为以后的插图作者提供素材。讲化学没有分子结构图，讲生物没有生态图，讲机械没有机械的解剖构造图，只靠文字描述是很难讲清楚问题的，几百字的描述不如一张好的插图形象更能说明问题。

有的科普作品几乎离不开插图，例如，写汽车史时，如果没有各发展阶段的汽车图或照片的话，就不可能表达得生动而具体。天文学的科普著作如能配上壮丽的天体照片，将更能引发读者探索宇宙秘密的兴趣。

一部好的科普作品没有插图的配合必然逊色不少。插图不单单是美术工作者或是编辑的事，作者也应该提出自己的构思、草图或参考资料，这才有可能使图文融为一体，相得益彰。如《我要如何制造出更精良的弓》这篇科普文章，配上了古代战场使用的弓箭及当代射箭比赛使用的弓箭的图片，指出了弹性对弓箭射程的重要性。配图与文章相得益彰，使科普作品通俗易懂，也更吸引人。一篇讲原子弹的科普文章《致命之蕈——原子弹》谈到了原子弹的威力，文字旁边配了一张原子弹爆炸时所形成的蘑菇云的照片，既印证了作品中提到的原子弹爆炸所产生的威力，又增强了直观感，使"致命之蕈"这个比喻得到了印证，因为"蕈"就是蘑菇的意思。竺可桢在《要开发自然必须了解自然》中谈到了开辟山林的耕种方式导致水土流失严重的问题，配了一张中国植被区划草案图，使说明的问题更显深刻与形象。

要使科普作品具有通俗性，一定要顾及读者的特点，一定要认真研究读者对象，从他们的实际需要出发，选取对他们最有启发和教益的课题内容，根据他们的接受能力采用恰当的表达形式，使他们咀嚼有味，读后有所收获，切忌简单化、庸俗化。总之，科普创作必须贴近公众与公众生活，只有这样，所创作的科普作品才能在公众中产生共鸣，得到公众的认同。

第四节　趣　味　性

通俗地说，一部作品具有趣味性在于使读者在阅读作品时为作品中的内容所吸引，带着兴趣进一步研读作品。在心理学中，有趣是人类必不可少的情感体验。科普作品旨在宣传、扩大科普知识的影响，使得科普知识及其包含的人文精神深入人心。如果科普创作中没有考虑趣味性，那么作品就难以引人入胜，读者没有兴趣了解，科普创作的意义何存？

从根本上说，科普作品的趣味性来自科学本身的内蕴。著名物理学家、光学家严济慈说："怎么会有人觉得科学枯燥无味呢？还有什么东西比支配宇宙的自然规律更引人入胜呢？自然规律的和谐与真实，使小说显得多么空虚，神话显得多么缺乏想象力啊！"

物候学家竺可桢认为，自然界已经通过各种方式委婉地告知人们宇宙中的诸多奥秘，利用诸如鸟语花香这些暗示方式，了解大自然、爱护大自然、与大自然和谐相处就是科学本身的魅力。总而言之，自然界是按照一定规律运行的，如太阳之朝升夕落，树木之荣枯变幻，探索宇宙中的诸如此类的奥秘，揭开自然界的神秘面纱本身就是充满趣味的。科普作品的内容，无论是反映数学科学、系统科学、物质科学、天文学、空间科学、地球科学、环境科学、生命科学、生物技术、信息科学、能源科学、认知科学还是反映脑科学，都与人生密切关联。

从形式上来讲，科普创作做到了自然与人文的结合、科学技术与文学艺术的结合，作品就会产生有趣味的效果。具体表现在以下几个方面。

一、具有丰富的文学因素的体裁

高士其很早就强调，科普创作需要将科学和文学相结合。文学中存在大量的文学体裁及相应的文学技巧，如何将它们应用于科普创作当中，是进行科普创作的关键环节。科普文学的体裁随着科普文学的发展和盛行变得越来越多样化，表现为以下几种形式。

（一）科学小品

这是经常大量使用的一种科普文体。科学小品往往短小精悍，语言生动有趣，内容通俗易懂。周光召的《科学技术对社会的作用》、丁肇中的《应有格物致知精神》、李政道的《把微观世界的研究与宏观世界的研究结合起来》、钱学森的《思维科学与智能机》、周培源的《成才要有文史知识》、茅以升的《桥话》、李四光的《看看我们的地球》、郑光美的《鸟巢漫谈》等都属于科学小品。这些作品以巧妙的构思、生动的表达，为读者传递了自然科学与人文科学的相关知识。

（二）科学幻想小说

小说的虚构特点、曲折离奇的情节、鲜明生动的人物形象与科学内容相结合，使其既有很强的科学性又富有趣味性。例如，小说《侏罗纪公园》讲述了一段惊险刺激、动人心魄的人龙大战的故事，蕴含了尊重自然、尊重科学的思想，而关于恐龙方面的知识蕴含在跌宕起伏的情节中更易于读者接受。

（三）科学童话

这一科普体裁一般运用拟人的修辞手法，将文中介绍的对象当作主人公，并使得这位主人公具有独特的人格特征（主人公一般是讨人喜爱的形象），再以一定的情节将文中主人公的相关知识贯穿起来，使得这些科技知识蕴藏在趣味十足的故事中。

虚构的充满想象力的童话情节，能极大地激发读者的阅读兴趣。例如，《奇妙的拐棍》《小老鼠的隐身衣》《有理数和无理数之战》《猪八戒逛星城》等，不但传播了科学知识，启迪了智慧，激发了想象力，还对广大的小读者进行了真善美的教育。

随着时代的发展、科技水平的提高和科普文学的发展，各式各样的科普文学体裁陆续涌现，比如，属于叙事类的科学小说、科学家传记和科学考察记，属于散文类的科学报告文学，属于抒情类的科学诗歌等。同时，新传播媒介的出现，又促进了科普文学的新发展，使得科普文学被植入了新的土壤，焕发出新的生机。科普文学被制作成动漫，拍摄成影视作品，甚至科普文学之中的一些组成部分被加入游戏设计中，上述种种现象均表明，承载科普文学的文学体裁的丰富和发展对科普文学的发展有着重要的影响。

二、艺术化的结构安排

调动读者的阅读兴趣，吸引他们深入作品，引发他们认知科学、感悟科学，艺术化的结构安排起到了重要的作用。

（一）标题

要使科普作品引人入胜，标题不容忽视。科普作品的标题与内容、题旨和表达手段有着紧密的内在联系。例如，《地震》《漫谈半导体知识》《数学传奇》《龙与龙骨》这种直叙式标题，使人一眼就能看出文章的主旨；《似曾相识燕归来》《红叶西风白雁秋》《霜叶红于二月花》这种文艺性标题会增强作品的美学意蕴；《螳螂捕蝉焉知黄雀在后》《庄稼的"厨师"》《火山爆发能缓和温室效应吗？》《空中怪车事件揭秘》《"雷打冬"是怎么回事？》《有闰月之年季节会变长吗？》这种趣味性标题会引发读者的阅读兴趣。

（二）开头

科普作品的开头开得好往往就会产生某种引人入胜的效果。例如，《精子或卵子中有父母的缩影吗》以疑问句开头，引发人们的深思；《扑蝶行踪三十年》以美丽的民间传说开头，把我们带入作品的情境中，并渲染了作品的意境美；《冷的尽头》以提问开头，接着摆事实，辩证阐述，发人深省；《没有不能造的桥》以警句开头，说明人、路、桥的关系，点明题旨，然后引入科学内容，简洁明白，重点突出。所有这些开头方法都从表达的科技内容出发，根据读者的认识规律巧取妙用。

（三）主体

作品的主体部分是核心，为了增强趣味性，科普作品会选取与主题有关的最具有典型意义的材料，抓住最具有说服力的论据，有重点地铺排。所以，科普作品的主体部分也是作者着力最多的。为了激发读者的阅读兴趣，除了内容的鲜活有趣外，还要注意层次结构，既做到曲折有致又要脉络清晰。就像层层剥笋，最后显露真相，达到高潮。例如，赵忠贤的《超导体将为人类造福》，先由大家熟悉的核磁共振检查引出了超导体，然后介绍了什么是超导体，指出了其无损耗输电的特征，之后又介绍了利用超导体做磁体的超导船和超导火车，最后又介绍了利用超导隧道效应制成的最灵敏的检测器。作品紧密围绕现实生活，将超导体这一听起来较陌生的事物介绍得生动清晰，充分体现了科学造福人类的主题，同时引发了人们对奇妙的超导体甚至是探索未知世界的兴趣。曾溢滔、潘重光的《转基因动物的奇迹》，先介绍了什么是基因，之后介绍了什么是转基因动物，之后详细地介绍了已经问世的转基因动物，作者称它们是地球村的新"居民"，最后紧扣文题指出转基因动物在制药业及动物品种改良中将创造出一个又一个科学奇迹。由此看来，科普文章主体部分的结构安排既要符合读者的认知规律，又要注意调动他们的阅读兴趣。

（四）结尾

科普创作的结尾要做到令人回味无穷，并与文章的开头呼应。有总结式的结尾，如"可见，一座桥梁要在水陆交通之间，起桥梁作用，就要先在它自己内部很好地发挥各种应有的桥梁作用。整体的桥梁作用是个别桥梁作用的综合表现"（茅以升《桥话》）。也有启发式的结尾，如"童话和神仙故事并不会因物质文明的进步而被消灭。它们可以提高少年人的幻想能力，可以作为成年人业余的消遣，又可以作为各种艺术的原料。中国的牛郎织女可以和古希腊的奥德赛、金羊毛，法国的尼贝伦指环等故事并列。每年七夕，大家不妨继续提出牛郎织女这个故事来谈：一方面欣赏这富有诗意的神话，另一方面也可借机会提倡科学，使一般人注意到科学家替我们所发现的许多关于星星的新知识"（戴文赛《牛郎织女》）。还有鼓动式的结尾，如"人类是不断进步的，事物的发展前途是没有止境的。未来是一张美好的图画，而且一定会实现。如果你从现在起就认真学好各门功课，为将来学习和研究地质学做好准备的话，我相信，在未来你一定可以下海、入地、上天，为祖国找寻更多、更丰富的矿藏，为人类更幸福、更美好的未来做出更大的贡献"（尹赞勋《下海、入地、上天》）。总之，科普创作的结尾不仅要简洁有力，还要引发读者思考，感染读者，激发读者对科学的兴趣及献身科学的激情。

三、趣味化的情节安排与人物创设

在科普创作中，巧妙地铺设情节是为了将读者带入具体情境中，使其潜移默化地接受作品中的相关科学知识。例如，科普动漫《海尔兄弟》就讲述了这样一个故事，一位颇具智慧的老人通过自己的能力创造出了海尔兄弟，海尔兄弟随他们的朋友们游历探险，一路上游历了大洋洲、非洲、南极洲、南美洲、北美洲、欧洲和亚洲，最终回到起始地太平洋。在游历途中，海尔兄弟和他们的朋友们遭遇了一系列的问题与困惑。该片首先呈现了他们或困于自然灾害，或被艰难的自然条件所阻，或遭遇恶毒的人及他们的恶行，在各种困境面前，他们运用自己的智慧，一次次从困境中逃脱，创造了无数奇迹。通过展示他们解决问题和破解谜题的过程，深入浅出地介绍了不同领域的科技常识，并将这些科技知识分布在恰当的游历地点。故事情节跌宕起伏，在展示了世界各地的地理知识、各地域不同的人文风俗特性之余，还让受众了解了大量的科技常识。其中包括生活中常见但不为人们所知的现象，如生活中司空见惯的刮风下雨、四季变换；生活中常常看到的小蚂蚁居然能够以每小时数十千米的速度行进。该片还介绍了一些我们未知但是真实存在的现象，如中国长期流传的有关神农、巨怪的传说及美丽的树木能食人等。在片中，他们摆脱了挪威大旋涡，从火海中逃出，还以正义和智慧打败了恶毒的人们，动漫中的主人公们热心倡导正义与和平，强烈反对邪恶与战争。这部动漫作品以跌宕起伏的情节深深地吸引了观众，并将他们带入剧情。在看完了一集之后，观众往往意犹未尽，开始等待下一集的播放。因此，《海尔兄弟》当年以超高的收视率成为影响力颇高的一部作品，不可谓不成功。

人物是情节的核心。不同的人物应该有不同的特定性格，个性化、有血有肉的人物会为作品增光添色。《海底两万里》中的尼摩船长是塑造得比较成功的一个人物形象。他就如大海一般兼具热情、冷酷、和善、危险、温和、暴躁、随和、任性等诸种品质。他追求自由，但摆脱不了仇恨的枷锁。他的良心从没有被残酷的生活经历磨灭过。他的性格中有两个主要因素，一是他无比勇敢，二是他对人类的牺牲精神。有人说过，没有人能够评价尼摩船长这一生的是非功过。这个人物形象给读者留下了无限的解读空间，也为作品增添了艺术魅力。

四、生动形象的表达

表达是为了便于读者接受所采用的艺术手段。科普创作将叙述、描写、说明、抒情、议论等表达方式巧妙综合运用，会使文章生动而形象。《所罗门王的指环》中颇具趣味的表达，就增强了作品的感染力：

所以，你们看得出来，我们养的动物不但享有完全的自由，同时对我们的屋子也相当熟悉。它们看见了我，从来不逃开，反而会向我走近。别的人家你也许会听到："快！快！鸟从笼子里逃出来了，快把窗子关上！"之类的喊叫，我们家里叫的却是："快！快关窗子，那只鹦鹉（乌鸦、猴子……）要进来了！"

最荒唐的是，我的太太在我们大孩子还小的时候发明了一种"颠倒用笼法"。那时我们养了好些大而危险的动物：几只渡鸦、两只大的黄冠鹦鹉、两只盂高芝狐猴，还有两只戴帽猿。如果让小孩子单独和它们在一起，真是太不安全了，所以我太太临时在花园里做个大笼子，然后把——我们的孩子关了进去！①

这两段文字用了对比的修辞手法，相对于别人家里将宠物关进笼子的方法，"我们家"却是为了让动物得到充分自由，把自己一家关进"笼子"；别人家关窗都是为了防止动物从笼子中跑出去，"我们家"关窗却是害怕熟悉我们"笼子"的动物跑进"我们家"。前一个对比写出了作者一家人在养动物时，并不是束缚动物的自由，而是站在动物的立场给动物充分的自由，表现出作者对动物的尊重；后一个对比，则以关窗这个动作为切入点，写出了动物和"我们家"相处得很好，"我们家"并不害怕动物逃跑，而是动物主动走近"我们家"。总之，这两段文字生动形象地把描写与叙述相结合，妙趣横生的表达为读者营造了和谐、温情的画面，作者一家人对动物的爱也蕴藏在字里行间。

为了增强表达效果，使语言表达具体、形象、生动、鲜明，产生很强的趣味性，使用恰当的修辞方法也是重要的手段。

总之，将科技知识和信息寓于戏剧化的故事之中，讲述故事中展示科学现象，揭示宇宙谜题及宇宙中存在已久的固有规律，将科学和文学相结合，使得人们在经历故事主人公的人生体验的同时学到科学知识，这本身就是十分有趣的。如果再加上生动鲜活的表现形式，科普作品的趣味性就不言而喻了。

---

① 劳伦兹. 所罗门王的指环. 游复熙，秀光容译. 北京：中国和平出版社，1998：2-5.

第三章 科普作品创作的文体类型

第一节 小 说 文 体

一、科学小说

　　20 世纪 20 年代，科学小说伴随着新科技浪潮的涌现逐渐发展成熟，成为传播科学新知的重要媒介。英美科学小说的命名和科学幻想小说（简称科幻小说）的命名相同，都是 science fiction。但这两类小说的内在含义完全不同，科学小说包含科学和小说两大元素，是科学知识小说形式的传达；科幻小说则包含科学、幻想、小说三大元素，是科学幻想的文学表述。"科学"是人对先在规律的发现，"幻想"是个人以自我欲望为基点的非现实想象，科学幻想是指以现有科学知识为基础的科学展望性想象，小说是虚构故事。因此，科学小说和科学幻想小说是两类完全不同的文体。以宣传求知和求真精神为主题，以传播科学知识为内容，以散文性的虚构叙事为主要表述手段的文体，就是科学小说。它是科学知识和小说形式的融合，既是科普文体的一种，又是小说文体的一种。

　　科学小说的文体特征有两个：一是具有小说的虚拟性，具备小说的叙事元素，具有小说的虚构特质，往往通过虚构的人物、情节、环境来表达主题，传达科学知识，描绘美好的生活理想；二是具有普通小说所不具有的科学性，具有科学认知功能，所传达的是已有的科学知识、科学原理和科学规律，而非对尚未成为现实的科技的想象和虚构。

　　科学小说通常有两类：一类介绍科学知识，如陈然的《鲨案纪事》、叶永烈的《石油蛋白》、丹·布朗的《骗局》、理查德·普莱斯顿的《高危地带》《眼镜蛇事件》等；另一类介绍科学家及相关科学原理，如介绍捷克科学家杨斯基发现人类血型的《血的秘密》等小说。

　　中国自古就有通过文学传播科学知识的传统，张衡、扬雄、郦道元、李白、苏易简、沈括、李时珍等科学家、诗人和文士，就有不少诗文歌唱描绘科学知识，郦道元的《水经注》和沈括的《梦溪笔谈》就是其中的代表作。

　　科学小说的文类并非中国自生，而是由启蒙思想家梁启超、鲁迅等自西方引进。出现在我国的第一篇科学小说是由薛绍徽和陈寿彭翻译的《八十日环游记》。

梁启超于 1902 年翻译的《十五小豪杰》，鲁迅于 1903 年翻译的儒勒·凡尔纳的《月界旅行》和《地底旅行》，都是将科学小说介绍进中国的译介力作。当然，早期科学小说的译介，并没有对科学小说和科幻小说做出明确的界定。

写好科学小说，首先要解决好科学知识和文学趣味的矛盾性问题。以小说的形式向读者灌输大量的科学知识注定是不受欢迎的，因此，好的科学小说应当是好的文学作品，必须通过提炼主题、塑造人物、构思情节来形成足以与读者思维共振的艺术张力，达到作者和读者之间文学审美和科学意趣的和谐。

因此，科学小说家既要有良好的科学知识和哲学思维背景，又要有深厚的文学修养，还要有洞察人性和塑造鲜明性格人物的能力。只有这样，才能写出集思想性、知识性、趣味性、文学性于一体的科学小说，而不是或平庸浮泛或猎奇媚俗的"科学故事"。

此外，科学小说家必须走进科研世界，走进社会生活，了解科研、了解生活、了解读者需求，只有这样才能把科学家的情感和读者的情感融汇一处，写出真正为广大读者喜闻乐见的科学小说。也就是说，不仅要从作者和读者之间的情感结点与知识结点寻找写作灵感，还要从作者和科学家之间的内部情感交流与思想交流寻找写作灵感。

科学小说写作的关键在于"小说"和"科学"的水乳交融，是科学开出的文学之花，是由科学自然散发出来的美，是科学家心灵的艺术呈现，是对平庸现实的超越，而不是对科技知识的文学诠释。

科学小说的写作者最好是有良好文学修养的科学家，在中国享有盛誉的美国科学小说家卡尔·杰拉西即是一位优秀的科学家。他是斯坦福大学教授，被称为"人工避孕药之父"，也是美国国家科学奖章、美国国家技术奖章和普里斯特利奖的获得者，还是美国国家科学院院士和美国科学与艺术学院院士，出版了 5 部小说和 3 部剧本，其中《诺贝尔的囚徒》是他的代表作。《诺贝尔的囚徒》原名为"康托的困境"，讲述了分子生物学家康托的故事。康托对肿瘤如何形成有一个颇有灵感的假想，于是让其得意门生杰里·斯塔福用实验加以证明，斯塔福不负康托的厚望，实验大获成功，师生在《自然》杂志将实验结果发表出来，轰动世界。哈佛大学的克劳斯教授推荐康托角逐诺贝尔奖，后来却发现杰里的实验根本无法重复。有人暗示康托、杰里的实验可能有舞弊行为，但最终还是康托和杰里同获诺贝尔奖。杰里和康托明争暗斗，克劳斯也对康托提出种种要挟，康托陷入困境无法自拔……《诺贝尔的囚徒》用悬念迭起的故事、自传色彩浓郁的笔调，刻绘了科学界的黑幕、科学家的学术经历和人生历程，不仅为我们揭开了科学研究的神秘面纱，还提出了面对名誉和道德的冲突时该如何选择的问题，极具科普价值和人文价值。

杰拉西的 *NO* 一书讲述了美国布兰迪斯大学的化学专业博士后蕾娜研究治

疗男性性功能障碍的药物"NO"的故事。蕾娜和以色列男青年杰夫塔在携手研究"NO"的过程中，克服民族、宗教背景的矛盾和差异，萌生爱情并结婚生子。回美国后，蕾娜和志同道合者成立公司，将研究成果转化为商品。又和同伴与金融证券界合作推动公司上市，几经起落磨难，事业终获成功，但婚姻却亮起了红灯……小说既成功刻画了蕾娜这一科学家、企业家合一的人物形象，又通俗形象地普及了氧化氮等生物医学知识，还详尽描绘了美国风险投资的操作过程，将文学、科学、经济学知识较完美地融合在一起。杰拉西的成功充分说明，只有科学家、文学家合一的作者，才能创作出科学、文学相得益彰的科学小说。

二、科幻小说

科幻小说是一种非现在时态的小说，主要以现有的科技知识为依托，预想、虚构描述现实中尚未实现的科技环境中的社会生活图景、个人生活图画、科技发展远景和宇宙神奇景观，既是对非现实科技的幻想，又是对非现实科技环境中人的性格、心理、行为和伦理的想象。科幻小说叙事包含科学、幻想、小说三个要素，往往十分神奇，是人类文学想象力和科技想象力的相互交融和直接呈现，是通俗读物里颇受读者欢迎的类型之一，在文学传播的广度上仅低于侦探与惊险类小说。

科幻小说是在近现代科技革命的推动下催生出来的一种新的文学文本。玛丽·雪莱是英国著名诗人雪莱的妻子，她的作品《弗兰肯斯坦》通常被大家认为是首部科幻小说；被誉为"科幻小说之父"的是法国的儒勒·凡尔纳；我国最有社会影响力的资深科幻小说家则是高士其。

美国著名文学评论家伊哈布·哈桑对科幻小说的特点有较为精确的解释："科幻小说可能在哲学上是天真的，在道德上是简单的，在美学上是有些主观的或粗糙的，但是就它最好的方面而言，它似乎触及了人类集体梦想的神经中枢，解放出我们人类这具机器中深藏的某些幻想。"[1]

科幻小说有通俗文学和浪漫文学的特质，传递科技幻想而非科学知识是它的重要特征。优秀的科幻小说能对未来科学发明做出生动的预见，如潜水艇、机器人、宇宙飞船、转基因食品等。

科幻小说通常分软科幻小说（soft science fiction）和硬科幻小说（hard science fiction）两类。软科幻小说的叙事重心聚焦于对哲学问题、心理问题、政治问题和社会问题的探讨，科幻元素往往是叙事主题内容的载体。硬科幻小说以现代数

---

① 梁婷. 中国科幻小说"黄金时代"何时来. 深圳特区报，2018-08-09：4.

学、物理、化学、生物、天文等自然科学知识为基础，叙事重心聚焦于预想科技环境中的人类生活图景。

还有一类科幻小说，叙事基点为超自然的物质和精神力量，叙事的幻想元素大于科技元素，这类小说更多体现的是神话小说的传统，因而不妨称之为奇幻小说。

科幻小说和人类上古的浪漫神话幻想有着相似的精神内质，关注科技时代人类的命运，探讨人类与自然、宇宙的关系，属于浪漫主义文学的谱系范畴。伴随着奇幻小说、恐怖小说和冒险小说等诞生了早期的科幻小说，同时哥特小说及推理小说也对早期的科幻小说有很大的影响。

科幻小说的独有特征在于其幻想往往有现实的科学依据，有较强的预言性。科幻小说作为 19 世纪欧洲工业文明催生的产物，其发展大致经历了三个时期。一是英国工业革命引发科幻小说兴起，二是 20 世纪初爱因斯坦的相对论激发了科幻小说对时空的全新认知和想象，三是第二次世界大战以后原子能技术、航天科技、新电子技术推动了西方科幻小说延续至今的叙事新变和创作繁荣。

玛丽·雪莱于 1818 年发表的兼具科幻和魔幻特质的《弗兰肯斯坦》初步勾画出科幻小说的叙事雏形，美国诗人爱伦·坡的悬疑性科幻小说接续了这一全新的叙事方式，20 世纪初法国的儒勒·凡尔纳和英国的赫伯特·乔治·威尔斯则用自己的成功作品使科幻小说这一新兴文类走向成熟。

儒勒·凡尔纳的《海底两万里》《八十天环游地球》等小说接续神话传说的叙事传统，有魔幻冒险小说的特点，充满了工业革命时期"科学万能"的乐观精神。儒勒·凡尔纳的"奇异的漫游"丛书，向现代科技萌生期的读者展示了新科技的奇幻世界，有惊人的预言力，他小说里的环游地球、人类登月、大型潜水艇等预言早已成为现实。

如果说儒勒·凡尔纳是"科幻小说之父"，那么赫伯特·乔治·威尔斯则开拓出现代科幻"时间旅行""外星人""反乌托邦"等叙事母题。威尔斯于 1894～1895 年创作的《时间机器》开拓出延绵至今的"时间旅行"的想象空间，他于 1898 年创作的《世界大战》第一次勾画出丑陋的"外星人"形象，从而确立了星际小说的叙事原型，使 20 世纪美国科幻小说空前繁荣。威尔斯于 1901 年创作的《最先登上月球的人》中的四肢短小、头颅巨大的"月球大王"成了此后科幻小说及影视作品中外星人的标准像。

威尔斯在首发于 1899 年、修改再版于 1910 年的《当睡者醒来时》一书的前言中写道："这篇故事所描述的大都市正是资本主义胜利的噩梦。"[①]威尔斯被誉为科幻小说重要支脉"反乌托邦"小说的开创者。而后，乔治·奥威尔的《一九八四》、英国奥尔德斯·赫胥黎的《美丽新世界》和苏联作家叶甫盖尼·扎米亚京的

---

① 赫伯特·乔治·威尔斯. 当睡者醒来时. 肖恩和译. 南京：江苏凤凰文艺出版社，2005：5.

《我们》三部作品,进一步发扬了"反乌托邦"小说这一文体类型。威尔斯的100多部作品既充满了哲学思辨,充满了对科学、政治和人类未来的思考、批判与质疑,又有着引人入胜的情节,这使得他既是对20世纪西方社会产生重要影响的社会思想家,又是对20世纪读者影响最大的科幻小说家。

美国20世纪科幻小说的历史以第二次世界大战为分水岭,明显分为前后两个时期。前期主要是受欧洲科幻小说的影响,欧式科幻小说的火种以燎原之势燃烧在美国大地,埃德加·赖斯·巴勒斯是这一时期美国科幻小说创作的先锋代表,无论是《人猿泰山》科幻系列代表作还是其他美国科幻小说,主要是对威尔斯式叙事传统的借鉴和发扬。而如雨后春笋般涌现于20世纪30年代的一批风格独特鲜明的科幻杂志,更是极大地推动了美国科幻小说的发展。爱因斯坦相对论等的问世,启动了科幻作家星际探险奇遇故事的灵感,开创了科幻创作"巨眼怪兽"的太空歌剧时代。第二次世界大战时期,科幻创作不仅热度不减,还激发着科技发明创造的灵感。

美国科幻小说真正进入其发展的"黄金时代"是在第二次世界大战的硝烟散尽之时。美国科幻小说"黄金时代"的领袖是约翰·坎贝尔,并且以他主编的《新奇故事》为中心,聚集了当时美国的众多科幻大家,诸如罗伯特·海因莱茵、艾萨克·阿西莫夫、范·沃格特、雷·布拉德伯雷和斯普雷格·杜冈等。坎贝尔对科学和历史的强调,强化了科幻小说的科学性、真实性和人文性,推动了20世纪40年代的科幻作家对50年代和60年代的计算机时代和火箭、核武器时代做出精确的预测。

创作科幻作品近500部的阿西莫夫是位高产作家,一生笔耕不辍,著述颇丰,是美国科幻创作"黄金时代"的杰出代表人物。他的作品大致可划分为"基地"系列和"机器人"系列。

阿西莫夫的"基地"系列小说展现浩茫宇宙,描画宇宙文明新形态;"机器人"系列小说提出了著名的"机器人三定律",建立了至今依然行之有效的机器人行为规范和道德准则。阿西莫夫的科幻小说,不仅给无数读者提供了全新的审美愉悦,还改变了无数读者的世界观。

20世纪70年代,大学开设科幻课程,学术界试图对科幻小说的概念做出严格界定。加拿大麦吉尔大学教授达科·苏恩文在1972年为科幻小说下的定义是"一种文学类型,其必要和充分的条件是陌生化和认识的相互作用,而其主要的形式方法是用一种想象的框架代替作者的经验环境"[1]。20世纪70年代后,又有众多学者对科幻小说做出各种新的解释。"科幻小说提供一个明显与我们已知的世界根本不同的世界,然而又以某种认识的方式返回来面对那个已知的世界。"[2]罗伯

---

[1] 达科·苏恩文. 科幻小说面面观. 郝琳, 李庆涛, 程佳, 等译. 合肥: 安徽文艺出版社, 2011: 141.

[2] 亚当·罗伯茨. 科幻小说史. 马小悟译. 北京: 北京大学出版社, 2010: 2.

特·斯科勒斯试图以"结构的寓言"替换"推测小说"。麦克鲁安认为："今天科幻小说表现的环境使我们能够看到科技的潜能。"[1]莱斯利·菲德勒则说："科幻小说是启示的梦想，是人类终结的神话，是超越或改变人类的神话。"[1]科幻作家 S. K. 罗宾逊在 1987 年是这样定义科幻小说的："一种历史文学……在每一个科幻小说的叙述里，都有一种明显或隐含的虚构的历史，它将小说描写的时期与我们现在的时刻或我们过去的某个时刻联系起来。"[1]评论家约翰·克鲁特于1992 年认为美国科幻小说传递"西方世界线性的、由时间限定的逻辑"[1]。

一般说来，主流科幻小说多是有着较稳定结构的未来时态叙事，主题内涵多表现现实困境。

美国"现代科幻小说之父"罗伯特·海因莱因的所有小说都有一个存在于未来的时间轴。围绕这个时间轴，海因莱因周详地设计故事结点，勾画故事轮廓，安排故事人物和重要事件。他曾用一张图清楚地告诉我们，他的小说叙事是如何以1950～2600 年为时间轴安排题目，精密预设故事、人物、科技、数据、社会学和备注等叙事元素的。每个人物的寿命、"机械公路"和"精神感应"的科幻、科技带来的社会伦理、宗教问题、未来历史的阶段性表现，在这张图中都有详尽的预设。

科幻小说的特点有三个。

一是大都有社会功能。必须以丰富的内容把社会显性或隐性的欲求戏剧化，为读者勾画出比生活场域和文艺幻象更明晰的社会面貌。H. L.戈尔德对科幻小说曾有这样的解说："几乎没有任何东西能够像科幻小说那样尖锐地揭示人们的理想、希望、恐惧及对时代的内心压抑和紧张感。"[2]尽可能将现存的和将来可能出现的社会矛盾加以强化，使人更清晰地认识社会和自我是优秀的科幻小说应有之义。科幻小说引领人类摆脱现实困境，走向未来，因而往往表现人的集体愿望。故事的主人公往往是人类集体愿望的代表，主人公的奋斗、对新世界的进入，书写着人类共同的奋斗与命运，因而科幻小说大都有"乌托邦小说"的特质。

二是探索未来。人类科学具有不可逆的进步性，科学进步必然带来自然、社会、人类的发展变化，也必然会给人类带来种种新的难题，人类必须对未来有所预见，而科幻小说正是预见未来的最好形式。人们可以通过科幻小说预想新的科技创造发明，预想新科技带来的种种问题。

三是开放性。科幻小说是人类开放精神的科学体现和文学体现，应该不受任何现存思维模式的限制，自由探讨社会问题、科学问题和生命问题。要尽可能多样地为读者创造新的激动人心的小说样式。

---

① 亚当·罗伯茨. 科幻小说史. 马小悟译. 北京：北京大学出版社，2010：2.
② 布赖恩·奥尔迪思，戴维·温格罗夫. 亿万年大狂欢：西方科幻小说史. 舒伟，孙法理，孙丹丁译. 合肥：安徽文艺出版社，2011：2-3.

如今全球化使各国结成联系越来越紧密的政治经济利益和信息传播的共同体，高新科技的发展日新月异地改变着地球的面貌，通过网络的联通在实体社会之外又搭建起一个无边无际的虚拟社会。人类的社会结构、交流方式、伦理道德、思维方式和心理习惯开始发生巨大变化，国家、民族的疆界日渐模糊，亟须开放的科幻小说帮助人们认识自身的现实处境并清晰地预见未来。

科幻小说的开放性还表现在它的超越性上，科幻小说本身是对庸常的灰色生活的一种超越，因而必须以卓越的想象力与现实拉开距离，唤醒人们对生活的希望和对未来的热情。

科幻小说所涉及的主题范围和题材范围与人类的存在状态一样复杂广大，其内容主要包括以下五个方面。

一是探寻社会文明问题。人类文明的演化远非完美，科学是把双刃剑，科幻作家往往把自己的视线置于远古或未来，表现文明的堕落和崩坏。其中或表现因过度环境污染引发的地球生态体系的彻底破坏，或表现大规模杀伤性武器、星际战争给人类带来的灭顶之灾，或表现超科技失控造成的人类灭绝的威胁。

二是勾画未来乌托邦图景。作者基于科学乐观主义精神，试图以科技预测和幻想来解决现实生活的种种难题，如反重力交通工具、太空城之类的幻想。

三是反乌托邦。科技的进步及随之而来的技术滥用必然导致掌握尖端科技的邪恶者达成极权目的，人类的傲慢与无知也许会使人生活在人工智慧和高科技病态社会而茫然不自知。对天真的科技理想主义必须予以否定和嘲讽。

四是太空歌剧。在浩茫的星际宇宙中展开自由幻想，组合未来太空社会诸元素，演绎爱情悲喜剧、战争剧、恐怖剧、自由与极权的斗争剧，以引领人类走出地球局限，建立全新的宇宙时空观。

五是儿童科幻。儿童科幻小说是较柔性的科幻写作，目标是要培养儿童热爱科学的兴趣和不畏艰难的英雄主义精神，激发儿童的想象力。

三、科学家传记

科学家传记是科学家人生经历的文字性重构，尽管这种重构不一定能还原出科学家的生平轨迹，但据实笔录应该是传记作家始终坚持的创作原则。科学家传记一方面要围绕科学家所取得的科学成就刻绘出独有的人物个性，另一方面要表现科学家与社会的关系及日常生活的历程。

人们往往很难从科学家艰深难懂的工作内容和枯燥乏味的日常生活里挖掘出精彩的写作内容，因此，传记作家要善于从科学家貌似灰色的人生岁月里发现改变人类命运和思维方式的奇迹，发现科学家向人类智慧极限挑战的戏剧性内容。

　　科学家传记的第一个特点是局部性。科学家传记作家很难也无须勾画传主的人生全景图，往往要舍弃一些与主题无关的工作内容和生活内容。正如约瑟夫·阿盖西在《法拉第传》中所说的："我现在所做的研究是一种类似于局部的描述，而不是一个普通的传记或思想传记。例如，我几乎完全忽略了法拉第与其妻子之间的密切关系，对此我并不感到不安，尽管在他写给妻子的许多温柔的信中有一两封信甚至已被编入了某些英文诗集之中。与此类似，我还有意忽略了他关于化学、冶金、光学以及力学等方面的科学论著，无论它有多重要。我试图以否定那类普通传记和思想传记的方式描述法拉第，或者更确切说是描述他个人的成长经历。这也正是此项研究所要持有的倾向。"①

　　第二个特点是资料性。必须尽可能全面地搜集与科学家有关的一切资料，包括工作手册、书信、日记，努力从丰富的、片段的资料中建构立体的、个性鲜明的科学家人物形象，因此科学家传记写作的前提是善于整理资料。瑞德《奈曼——来自生活的统计学家》干脆就以自己采访科学家本人的时间段落作为章节标题。

　　第三个特点是社会性。科学家所取得的成就和他所处的时代、社会环境有着密切的关系，因此要善于把科学家的精神面貌和他所取得的成就与他的生活背景联系起来。比如，托马斯·鲍尔斯的《海森伯的战争》就将核弹专家海森伯的研究行为和第二次世界大战紧密联系起来。沃尔特·艾萨克森的《爱因斯坦传》就浓墨重彩地写出了爱因斯坦一生对民主、自由、和平的追求。

　　科学家传记往往具有典范教化功能和传播科学功能。勒格罗在《敬畏生命——法布尔传》中写道："在我们这个世界上，每一个时代总是会有那么一些具有特殊才能的人们，以他们不朽的贡献在人类进步的过程中留下值得纪念的一笔。特别是那些在某些领域里开拓出新的境界的人们，更加值得我们怀念。对于他们这样的人杰，单单只是抱着一种敬仰的态度显然是不够的。如果能够将人们对他们的怀念虔诚地搜集起来，无疑可以对后世起到一种教育和楷模的作用。"②人们可以从《爱因斯坦传》中学习到光电子理论知识、狭义相对论和广义相对论知识，可以从《逻辑人生：哥德尔传》中学习到非形式化的版本、形式逻辑版本、复杂性版本、计算机程序版本、丢番图方程版本和掷骰子版本等知识。

　　科学家传记的叙事要素是描写、叙述和议论，由传主生命历程的时间性决定。描述既要对传主的人生经历做完整的记述，又要对传主生命中最艰难和最有光彩的时期做大笔渲染。对生命萌芽的儿童时期，性格形成、创造力勃发的青少年时期，生命成熟、智慧达到顶峰的中年时期，生命渐渐隐退的老年时期，都要在掌

①　约瑟夫·阿盖西. 法拉第传. 鲁旭东，康立伟译. 北京：商务印书馆，2002：6.
②　勒格罗. 敬畏生命——法布尔传. 太阳工作室译. 北京：作家出版社，1991：5.

握尽可能充分的资料的基础上予以有重点的详述。

传主的生活环境同样是描述所必须重点呈现的内容，无论是小的方面（如家庭、学校、工作场所、生活区域）还是大的方面（如时代、社会背景），都会对传主的性格和世界观的形成、人生经历、科学发现产生重要影响。对科学家科学思维、方法、理念产生重要影响的科学发展背景，尤其要着重详述。每位科学家都有着自己独特的性格命运，传记作者必须详述科学家的性格命运、科学成就的内在联系和人生之谜。

描写、叙述和议论在表现科学家人生的过程中融为一体，共同完成对科学家人生历程的解释和表述。议论应遵循人生评价和科学评价的客观性原则，应参考科学家的意见。

第二节　散　文　文　体

一、科普散文

科普散文是小品散文的一种，一般篇幅短小，用散文笔法描述、叙述、议论、抒情，广泛介绍古今中外的科技知识，风格轻松从容、涉笔成趣，既给人以科学熏陶，又给人以艺术享受。

我国很早就有了科普散文，郦道元的《水经注》、沈括的《梦溪笔谈》即古代科普散文的经典之作。现代写作科普散文的作家也很多，周建人的《白果树》、贾祖璋的《萤火虫》、刘薰宇的《半间楼闲话》、顾均正的《昨天在哪里?》都是现代优秀的科普散文。当代则有叶永烈等科普散文作家。

写好科普散文，作者既要有坚实的科学知识背景，又要有良好的文学素养。写好科普散文要注意以下几点。

一是科学性。科普散文是科学和散文交融而成传播科学的重要科普文体，因此科学性应该是科普散文的叙事基础。科学散文所表述的科学知识、科学规律和科学方法与数据必须严谨和准确，不可有一丝一毫的错讹。

二是审美性。科普散文属于散文的一个分支，具备散文的所有修辞特性和文体属性，审美性是指必须用鲜活的语言描述，将抽象深奥的科学知识化为便于人们理解的生动形象，夏衍的《种子的力量》、茅以升的《中国石拱桥》即如此。此外，还必须把科普散文写得生动有趣，有趣才有可读性，才有利于科学知识的传播普及。

三是思辨性。任何科普小品的写作都有明确的目的。好的科普散文，不仅要普及知识，还要给人以思想启迪和智慧。

四是闲适性。科普散文的写作应不拘成法，旁征博引，随意点染，涉笔成趣，不可把科普散文写成高头讲章，无论是结构还是叙事，都不要给人造成阅读的紧张感。

二、科普游记

科普游记，是指记述以科普为内容、以旅游为载体的活动的文体。这个旅游既指为探索和了解科学的旅行，也指科学知识的畅游。

以增进科学知识为目的的旅游就是科普旅游。有多少种科普旅游就有多少种科普游记的写作方法。科普游记的形态多种多样，有自然生态景观科普游记，即记叙以自然景观为观摩对象的旅游过程。写好自然生态景观科普游记，需要有较为广博的动植物学科、气候学科及有关山川、河流、湖泊、沙漠等地质学科和地理学科等方面的知识，其中自然生态景观游记还包括森林公园游记和自然保护区游记。要能以旅游轨迹为轴心抓住景观特点，写出大自然的奇妙和其中蕴含的丰富的科学知识。有现代工厂科普游记，参观工厂，写好工厂游记，首先必须对工厂的工艺流程和技术特色有透彻的了解，才能条分缕析地对现代制造业所蕴含的各类科技知识进行清晰的介绍说明。写好工厂游记，还必须有较好的空间方位感。有现代农业园区科普游记，以农林渔等方面的农业科学知识和自然生态科学方面的知识为基础，按时间、空间、游览路线对现代农业知识做清晰的勾画。有高等院校科研院所游记，以科技知识、教育学等方面的知识为基础，以空间方位或学科分类为顺序，立体、全面地勾画出高等院校、科研单位的全貌。有现代科技馆游记，突出重点地写出科技馆的历史、格局及相关的科技知识。

总体说来，科普游记与普通游记的写作方法并无太大差别，必须交代清楚游记的主题、主体，善于突出重点，按旅游线路的时空顺序展开叙事线索，叙述要主次分明、详略得当，适当糅合人文情怀，营造诗性的散文美。著有《欧洲在发酵》《哈！小不列颠》《请问这里是美国吗？》等一系列游记作品的美国科普游记作家比尔·布莱森，以机敏和智慧、文风幽默赢得了广大读者的好评，被称为写作科学游记的高手。他是一位能够使世界变得有趣的作家，他的《万物简史》就是一本优秀的科普游记。在这本书里，布莱森犹如一位知识渊博的导游，既带领读者进入微观世界，细细打量质子、电子、中子、原子、分子等微粒子，又引领读者神游于浩茫无际的星空世界，探索宇宙的奥秘，还带领读者突破时间的局限，了解世界从无到有的历史过程。布莱森既是知识渊博的科学家，又是充满感情的智者，还是审美感悟力颇强的文学家。他能设身处地地站在读者的立场上提出一个又一个富于挑战性的问题，然后以科学家的渊博、导游的亲和力、作家的感性思维和文字表述力讲出答案，让读者在愉快的阅读中学到丰富的科学知识。

深奥的科学通俗化、抽象的科学形象化、枯燥的科学趣味化是写好科普游记的秘诀，这正是比尔·布莱森通过《万物简史》传达给我们的。通俗化、形象化、趣味化的关键一是巧用比喻。为了帮助读者理解爱因斯坦的相对论，布莱森用了这样一个比喻："当一列 100 码[①]长的火车在以 60%的光速行驶时，对于站在站台上望着它驶过的人来说，那列火车看上去只有大约 80 码长，车上的一切都会挤在一起。要是我们能听见车上的人在说话，他们的声音听上去会含糊不清，就像 CD 放得太慢一样；他们的行动看上去也会十分笨拙。就连车上的时钟也会以 4/5 的平常速度走动。然而——问题就在这儿——车上的人会觉得一切正常。倒是站在站台上的我们，看上去挤在一起，动作变慢了。"[②]二是善于讲故事。作为讲故事高手的布莱森，善于发掘科学家的趣闻逸事，这些趣闻逸事不仅能使牛顿、爱因斯坦等科学大师看起来生动可爱，还能妙解各种科学知识。例如，在介绍门捷列夫时，他是这样写的："从北美洲的单人牌戏中获得的灵感。在那种牌戏里，纸牌按花色排成横行，按点数排成纵列。"[②]这个有趣的故事能使我们像门捷列夫一样去领悟化学元素规律之奥妙。又如，"贝克勒尔不慎把一包铀盐忘在抽屉里的一块被包着的感光板上。过了一段时间后，当他取出感光板，吃惊地发现铀盐在上面烧出了印子，就好像感光板曝了光。原来铀盐释放出了某种射线。"[②]既清楚地讲述了放射性元素如何被发现的故事，又生动地说明了放射线看不见的穿透力。好的科普游记作家必须知识渊博，布莱森的《万物简史》就如一部科学百科全书，从太阳系到超新星，从宇宙的碰撞、量子学说、放射现象、基本粒子到大陆漂移与地质学，从海洋、细菌、细胞、三叶虫、爬行动物到遗传染色体，自然万象，无所不包，容万物沧桑于其中。在布莱森的导游下，读者畅游知识海洋，获得思想和智慧上的收益。

三、科普文学通讯

科普文学通讯即用文学手法报道具有新闻价值的科普文学事件或人物的新闻报道文体，具有宣传科普作家、扩大科普文学影响的作用。科普文学通讯的主要表述手段是叙述、描写、议论和抒情。叙述要尽可能客观公正，描写要尽可能生动形象，议论要点醒内在本质，抒情要真挚感人，总体表述要体现人、事本身的质感。

写好科普文学通讯必须注意以下几个方面的问题。

要选好题材，题材是通讯的生命。科普文学通讯的题材同样由时间、地点、

---

① 1 码=0.9144 米。

② 比尔·布莱森. 万物简史. 严维明，陈邕译. 南宁：接力出版社，2007：203.

人物、事件、环境共同构成，它们共同构成时间性的真实存在。科普文学通讯要选择能够体现科普文学新动向的新闻题材，既要关注老作家，又要关注新作家，对优秀作品和富有创新性的作品要予以特别的关注。

要善于发掘通讯题材，不仅要与作家、出版社建立密切的联系，还要和普通读者建立密切联系，关注科普创作和最新科技成果的联系。要善于和出版机构的编辑和作家交朋友，拿到最真切可信、启人心智的第一手资料。

要善于提炼主题。主题确立于采访、写作的过程之中，是对素材本质的发现，是通讯的核心价值所在，往往能告诉人们一种新的科普文学思想观念。主题必须集中、鲜明、新颖、深刻，能使新闻人物和新闻事件本身得到充分的传达与显现。

写好人物通讯应写出人物鲜明的性格，要善于通过生动的行为、语言来刻画人物，要善于捕捉最能体现人物性格的细节，特别是通常不为人注意的细节来展现人物的内心世界。写好事件通讯要注意情节的完整性，故事发生的开端、发展、变化、高潮、结局都要能得到完整的揭示，要善于抓住典型、生动、深刻的情节。

要善于表述。表述要叙述与议论结合，叙述与抒情结合，即事生情，缘情见理，建构与读者交流的人、事、情、理相互生发的叙事情境。

四、科普童话

科普童话是儿童文学的一种，是一种用儿童式的想象、幻想方式来结撰故事和用儿童式的夸张、拟人方式来讲述故事、塑造形象和表达科学知识，对儿童进行科普教育和智慧启迪的文学样式。童话比小说的虚拟性更强，因为其中的人物、事件往往是突破现实局限纯粹想象性的存在。尽管科普童话故事的虚构与生活真实相距甚远，但故事所表述的科学道理依然具有无可置辩的真实性。

科普童话的特点主要有三个。一是幻想和夸张是构思童话的基础。幻想是违背自然规律的无法实现的想象，编织奇幻故事离不开幻想，构思美好未来同样离不开幻想。夸张作为一种对表现内容特征的放大或缩小，是使幻想与现实发生联系，并使幻想得以实现的一种修辞方式。没有幻想，童话构思就无法插上摆脱现实局限的翅膀；没有夸张，童话形象就会黯然失色，童话语言就会失去感人的光芒。只有幻想、夸张融为一体，才能构思出安徒生童话和格林童话故事里那些现实中根本就不可能存在的人物形象。二是拟人是童话必不可少的修辞手段。没有拟人就没有童话。童话需要大自然里的一切，无论是动物、植物还是天空、海洋、星星、月亮，都要能像人一样思考、说话，都要有像人一样的行动力，这样天地万物和人之间才能自由对话，才能塑造一个完整的生命体。三是童话必须要有出人意料的神奇、浪漫、曲折、动人的情节。故事归根结底是儿童故事，没有奇幻情节，便不足以吸引儿童。科普童话都是作者细心体察科学知识之后，对科学知识进行幻想、夸张、拟人性的处理，构思故事，塑造形象，结撰成形的。写作科普童话要注意童话幻想必须以科学知识为依据，想象合理，叙事才有相应的基础。童话中使用的夸张一定要以知识本身的特点为依据，失去科学依托的夸张，就会失去叙事本身的真实性而变得荒诞可笑，失去应有的教化功能。童话中的拟人一定要以科技知识原理为依据，写出各个角色的鲜活性格。表现手法要丰富多样，语言要简洁活泼，符合儿童的心理特点。只有这样，叙事才会生动感人，为儿童所喜闻乐见。

高士其的经典代表作《菌儿自传》就是出色的科普童话。在这部作品中，作者以菌儿的口吻说话，用诙谐风趣的语言向读者展现了一个肉眼无法看见的奇妙的细菌世界，不仅有很强的科学性，还有较强的休闲性，颇有增智解颐之妙，读后儿童和成年人皆可受益。

五、科普寓言

科普寓言是一种通过通俗易懂、篇幅短小、语言简练的故事来说明一个科学道理的文体。和普通寓言一样，科普寓言同属比喻性的文体，道理和故事之间的关系是本体和喻体之间的关系。科普寓言写作成功的关键，是构想巧妙说理的生动故事。

科学道理是科普寓言写作的主题，有趣的故事则是赋予科学主题以生命力的载体，因此，故事的结撰对于科普寓言写作来说显得尤其重要。寓言故事源于民间口头文学，中国有悠久的寓言传统，有可资借鉴的优良资源。寓言故事的结撰和童话写作有一定的相似性。一是有较强的比喻性和拟人性。需要作者发挥丰富的想象力，运用比喻、拟人、夸张等修辞手法，赋予天地万物以人性的生命力，用他们生动的表演，演绎富有哲理意味的科学故事。尽管运用这种拟人、夸张演绎的故事不太可能在现实生活中发生，但也要符合自然规律，不能有悖常理。二是故事短小精悍、生趣盎然。故事要单一，主题要高度概括，隐藏于叙事的底层，牵制寓言的叙事走向。人与物的形象要抽取复杂的内容，使其扁平化、符号化、类型化。语言也要有高度的概括性，多用简洁明白、切中要害的句子讲生动幽默有趣、引人深思的故事。

写好科普寓言，首先，要设计好寓言的"题眼"。无论是题目还是正文，都要有暗示主题的关键性语句，只有这样才能使全文成为一个表意明确的整体。其次，要善于选好切入点，善于类比联想，寓言的切入点可以是人，可以是物，可以是理。选好切入点之后，要善于将人、事、物、理转换成生活中人们熟悉的形象。

我国的科普寓言作品不多，较有影响力的是广西科学技术出版社 2004 年出版的刚夫著的《海底科普寓言》，这套科普寓言一出版就被中央电视台"金色阳光"栏目作为优秀读物予以推介，后又获第五届广西文艺创作铜鼓奖。张锦贻在《内蒙古日报》对该书做了专门报道，并给予了高度评价："这样一部题材殊异、理念新异、艺术变异的系列作品，在当代中国寓言界、中国儿童文学界都是独一无二的。说它独一无二，决无半点夸大。"[①]《海底科普寓言》不仅介绍海洋科学知识，还把 150 多个寓言故事从内容意义上分为智门（智慧篇）、德门（道德篇）、志门（励志篇）、技门（技能篇）、道门（道理篇）五册来归类介绍，丛书以充满智慧和趣味的故事，描绘出一幅幅色彩鲜明的海底生物图景，以达到寓教于乐的目的。

六、科学知识的说明文

科学知识的说明文是一种以说明为主要表达方法，以传播科学知识为主要内容的科学性、知识性、通俗性说明性文体。

科学知识说明文传播的知识或来自权威的科学文献，或来自亲身的调查研究和科学实验。把科学说明文写清楚，要有坚实的科学知识基础和较强的科研能力，还要有较强的文学语言功底。茅以升的《中国石拱桥》成为科学知识说明文的经典之作，是因为作者既是桥梁专家又是文字功底深厚的文学家。

为了把科学知识说得明白易懂，必须有相应的解说方法。常见的解说方法有举例说明、分类说明、列数据说明、比较说明、图表说明、定义说明、诠释说明、比喻说明、引用说明、推理说明等。说明方法的选用由文章的内容和目的决定，或选用一种说明方法，或选用多种说明方法。

说明有序是说明文的叙事基础和结构基础。常见的说明顺序有时间顺序、空间顺序和逻辑顺序。说明的时间顺序应和说明的科学知识内在的时间顺序相一致。掌握说明的空间顺序必须有良好的方向感、空间感和秩序感，理顺说明物的结构，是安排好说明空间顺序的前提。厘清说明逻辑顺序的前提是厘清说明对象的内在逻辑关系。由个别到一般、由具体到抽象、由主要到次要、由现象到本质、由原因到结果是说明的一般逻辑顺序。无论是实体的物还是抽象的理，都适合以逻辑顺序来予以说明。

说明文的结构主要有总分式、递进式、并列式、连贯式、对比式数种。总分

---

① 张锦贻. 独一无二的《海底科普寓言》. 内蒙古日报，2011-03-25：11.

式结构一般有以下三种：先总说，后分说；先分说，后总说；先总说，后分说，再总说。总说即对科学知识做概要说明，分说则是对科学知识做条分缕析的条理式说明。递进式结构即按科学知识内在层级的逻辑关系逐层深入地说明。并列式结构即将说明对象不分主次分条并列在一起进行说明。连贯式结构即按照说明对象的时间连贯关系安排结构。对比式结构即将相似、相反、相对的说明对象放置在一起对比它们的相互差异的一种结构方式。

说明文的语言特别重要，要注意准确性、简洁性、严密性、条理性、逻辑性。说明的语言风格不拘一格，既可以平实简易，又可以浓墨重彩；既可以严谨缜密，又可以风趣幽默。

七、科学知识的述评文

科学知识的述评文是一种一边准确地陈述科学事实，一边对科学事实做恰当的分析和评价的普及科学知识的文体。

科学知识的述评文有五个特点。一是科学知识述评通常有较强的新闻性，既及时报道新近产生的科技知识，反映科技的最新发展变化，又揭示科技知识的本质意义和发展趋势。二是科学述评要写出独特的个性。尽管无论是介绍科学知识还是对科学知识进行评点都必须真实客观，但叙事声音必须个性化，这是避免科学述评枯燥乏味的唯一办法。三是对科学知识的介绍必须全面、具体，既要有概述，又要有细节性的描述，还要有必要的背景交代。四是要述评相生，相得益彰，以评为主。科学知识述评文是一种认知性文体，因此文章的重心在评而不在述。评述结合，以评为主，述因评而意义明晰，评因述而有了言说的基础。根据表达的需要，既可以述多于评，又可以评多于述。当叙述是主观叙事，叙述的过程已经表明了作者的倾向和分析，那么评的时候，只需稍加点染即可。可以述中有评，评中有述，述和评的有机融合，体现了人类由个别到一般、由具体到抽象、由感性到理性的认识规律，易于被人们理解接受。五是科学述评要注意材料和观点的统一。述评来自写作之前的研究，述评作者在构思文章之前要对科学知识进行深入系统的研究，观点形成之后才开始写作，因此对科学事实的陈述无论篇幅长短，都受观点统御。叙述的详略都要服从于作者推介科学知识的需要。

科学述评的类型主要有科学知识述评、科学工作述评和科学趋势述评。科学知识述评主要是对国内外新近出现的重要科学知识进行评述，联系科技知识产生的原因和背景，探索其性质、价值和发展趋势。科学工作述评主要是对受社会广泛关注尚在进行中的科学工作进行报道评介。人们需要知道某些科研工作，特别是关系国计民生的科研工作的进展和动向，这就需要科学工作述评进行相应的评介，以满足人们闻知真相的需求。科学趋势述评主要是对国内外某一领域的科技发展趋势、形势进行相应评价，内容所及，可以是全局趋势，也可以是局部趋势，着眼于发展趋势的变化，解答大家普遍关心的问题，概括全貌，以帮助受众闻之真相，开阔眼界，提升认知。

第三节 诗 歌 文 体

科学诗是以诗歌的形式传达科学知识，表述科学哲理，是科学美和文学美的结合。科学诗既可以激励人们献身科学，又可以塑造科学家的光辉形象，还可以富有哲理地传递科学真理和知识。我们这里所要研讨的科学诗指的是最后一类。我国最早的科学诗是教育家陶行知于 1942 年写的纪念牛顿、伽利略的诗歌。当代科普作家高士其、叶永烈、刘兴诗等也为科学诗创作做出了不小的贡献。高士其在 1959 年出版的《科学诗》序言里就写道："科学诗就是把科学和诗歌结合起来，把一般人认为枯燥无味的科学，变成生动活泼富有诗意的东西。"[①]该书用诗歌的形式，抒写天文学、人类学、宇航科技等科学知识，是科学诗的经典之作。

科学诗的特点有两个。一是科学性。科学诗的题材是科学的，或传播科学知识，或激励科学精神，具有其他诗歌所不具有的科学属性和科学内容表达的精确性。二是审美性。科学诗有着普通诗歌的抒情性和形象性，能够和读者形成审美性的情感交流。科学诗是诗人情感和科学真知相互激荡所产生的文学成果，在题目的拟取、线索的设置、结构的安排等方面，和普通诗歌并无太大不同，都是要用极其有限的文字来表达尽可能丰富的内容。著名数学家陈省身于 1980 年写作的科学诗——"物理几何是一家，共同携手到天涯。黑洞单极穷奥秘，纤维联络织锦霞。进化方程孤立异，对偶曲率瞬息空。筹算竟有天人用，拈花一笑欲无言"[②]，用极简的文字表达了自己一生对数学奥秘的探究和认知，是情理交融的科学诗佳作。

在写作科学诗时要拟好标题。标题是诗歌之眼与灵魂。要写好开头，开头是全诗的生发点，要理顺诗歌的线索，或以时间，或以空间，或以诗人的情感，或以诗人的心理活动为诗歌的表意线索。要善于将科学精神、科学理念、科学知识转化为具体意象，形成引人共鸣的意境。要善于化难为易，将艰涩难懂的科学知识转化为明白易懂、情景相生的具体情境。要善于托物言志，将抽象的科学内容转化为催人遐思的生动画面。结尾要结实有力，耐人回味。

科学诗的写作要求有如下几点。一要注意将艰深的内容转化为通俗易懂、饶有趣味的表述，不能对科技内容只进行机械的图解，而要发现科学本身所蕴含的

---

① 高士其. 科学诗. 北京：作家出版社，1959：序言.
② 陈省身教授 1980 年在中国科学院的座谈会上的即席赋诗。

魅力，将之化为兴味盎然的形象性诗句，只有这样才能和读者形成良好的思想情感交流。二要有求真严谨的科学精神。尽管科学诗是对科学的艺术化，允许拟人、想象、夸张、虚构，但绝不允许有一丝一毫违背科学规律的失实之处，任何艺术修辞的运用必须以守持科学的本真为原则。三要勇于创新、善于创新，要跳出既成的诗歌模式，追求立意、构思、修辞、语言的"陌生化"，善于发现科学本身的美，另辟蹊径，营造诗歌新境界。

第四节　影视文体

一、科普电影

科普电影是纪录片的一种，主要是以电影的形式、实录的方法来传播科学知识，宣传科学人物和科学事件。制作科普电影，首先要注意实现它的社会认知功能，要根据中国国情、社会发展和人民群众的科学文化需求确定创作的题材和生产规划。应根据广大观众的不同文化层次，普及信息时代的各种科技知识。要探索为广大观众所喜见乐闻的科普电影语言形式。

科普电影的本质特征是记录和表述事实。然而，单纯的纪实并不一定能取得真正的实录效果并获得受众的欢迎。因此，创作科普影片要在坚持科学实录性的前提下，融入相应的人文关怀，这样才能使科普电影更真实，更具有观赏性。

科普电影剧本的写作要注意纪实性叙述画面解说的连贯流畅。有时不妨插入相应的动漫情节，对艰深难懂的科学知识予以生动明白的表述。"在画面拍摄手法上，运用'画面再现'既可使普及的科学知识更丰富，也可使画面更具艺术观赏性。"[①]科普影片《棉花工厂化育苗和机械化移栽新技术》以动漫短片开篇，让虚拟人物提出棉花种植的难题，取得了很好的设置悬念、活跃影片的效果。《热带人工植物群落》用动漫展示未来人工植物种植群落，营造了引领观众走进未来奇幻的种植世界的艺术效果。

科普电影剧本写作的镜头设计应注意画面语言的主观陈述性。北京科学教育电影制片厂拍摄的《钙与生命》的摄影语言就带有较强的主观象征色彩，这种富有张力的主观象征性的画面，无疑对影片的科技内涵起到了强化表述的作用。科普电影《第十三片绿叶》所拍摄的小麦形态，也非田野中小麦杂乱的自然形态，而是为摄影稀疏整齐种植的人工状态，摄影灯光也经过人工精心设计，这样的主观镜头，不仅没有削弱影片的真实性，反而使真实性得到了突出和加强。

---

① 赵士文，陈肖静，李庆风. 浅析科普影片创作中的表现主义. 新闻界，2010，3：85-86.

科普电影剧本写作的镜头设计还要注意灵活运用电影镜头语言。拍摄前，必须要对被拍摄对象有透彻的了解，对摄影镜头予以尽可能完美的艺术设计，然后再做出相应文案，将之糅进剧本中去。法国科普电影《帝企鹅日记》和《迁徙的鸟》在俯拍、仰拍等摄影视角的选取与长镜头的运用方面，已达到了出神入化的地步，其高科技程控技术操纵的变速摄影所拍摄的超低速和超高速画面，将摄影对象从实境中剥离出来，不仅画面美轮美奂，对拍摄对象特征的强调也令人叹为观止。

在不影响原意表达的基础上，不妨把科普电影的解说词写得亲切、幽默、有趣一些。生动的解说词不仅能更真切地表达科学内容，还能和观众形成情感交流，加深观众对影片内容的理解和记忆。科普影片《抢救大白鲟》的解说词满怀深情，引领观众于不自觉间学习到白鲟科属等方面的知识，体味大白鲟的珍稀，萌生保护和抢救大白鲟的念头，所营造的观影效果不亚于艺术片。写作科普电影的解说词，还要注意语言与画面密切的、戏剧性的配合。

二、科普电视剧

用故事性的电视图像普及科学知识的艺术形式就是科普电视剧，它常常表现一个人或几个人在一个地方或数个地方从事与科学有关的活动。电视剧和小说不同，如果说小说是将故事化为文字，那么电视剧则是将故事变成可视的运动图像。电视剧诞生于 20 世纪 40 年代，在 70 多年的成长过程中逐渐形成了专属的艺术风格。它有着比戏剧自由得多的艺术表现手段，又有着比电影长得多的表达时间。科普电视剧以电视剧为媒介表现科学内容，写好科普电视剧必须掌握以下技巧。

一是要写好开头。电视的特点是频道多、节目多，要想抓住观众，必须给观众一个印象深刻的开头，因此电视剧往往省去对人物的交代、事件的铺叙，直接切入主题。电视剧的开头通常有三种方式：①以最能彰显人物个性和人物特殊关系的画面开场；②设置悬念性的开场；③以最精彩的场面引出与主题相关的内容。总而言之，要三分钟入戏，一开头就要吸引住观众的注意力。

二是要设计好人物的心理动机。心理动机就是剧中主角内心的强烈愿望，这个愿望必须和科学活动有关，这种愿望和我们日常生活中每个人的愿望并无不同。心理动机是剧中人前进的动力，也是剧情的核心推力。确定了人物内心的心理目标之后，就要给人物实现目标设置重重阻力，阻力既可以来自外部，又可以来自内心。有阻力就有矛盾冲突，而冲突是电视剧的核心元素。

三是要巧设悬念，抓住观众的注意力。没有悬念，科学感悟和艺术审美都会失去相应的魅力。有了悬念，戏才能编下去；有了悬念，观众才有心理期待。设置的悬念要能推动剧情发展，能刻画人物形象，能调动观众情绪。悬念的设置要巧妙得当、贯穿始终，要紧扣人物性格命运，要能表现主题。

四是要安排好剧本的结构。主线确立后，可以安排一两条与主线纠缠的副线，以使剧情立体生动。主副线以外还要巧设故事背景。

五是要刻画好人物。电视剧中的人物刻画，不可太原生态，要通过戏剧化情节来刻画人物的内心世界。要写好人物关系，人物关系是剧本的基本要素。人物对话是电视剧塑造人物的重要手段之一，也是推动情节发展、铺陈叙事内容的重要手段之一，因此要高度重视人物对话写作。对话必须是人物性格的外化，必须与场景、人物个性、身份一致，既要简练口语化，又要耐人回味。当动作可以解释场景和情节时，最好不使用对话。

三、科普电视专题片

以电视片为媒介传播科技知识的专题片就是科普电视专题片。在电视走进几乎每个家庭的时代，科普电视显然比科普电影的传播范围更广、更有社会影响力。科普电视要努力培养人的科学好奇心，一要能够以精良的制作吸引观众的注意力，二要能用科学的方法培养观众的科学认知力，三要以尽可能丰富的内容满足各年龄段、各社会阶层人士的科技求知需求。

具体而言，科普电视专题片的剧本写作要有总体构思，对节目的主题、素材、结构、风格、节奏、音乐、音响处理和解说词要有预先构想。

要找好切入角度，或以具有特别意义的场景和片断作为切入角度，或以科技知识的某一个特点作为切入点，要善于平中觅奇，要善于逆向思维。

要善于处理好科普电视专题的表述类型。科普电视专题通常分为以下几种。一是讲授型，即以授课方式传播科学知识，其电视专题的底本为授课者事先准备好的讲稿；二是演示型，通过情节性的图解、特写、慢动作和画外音解释等传播科学知识；三是图解型，通过场景演示、特技表述阐述科学的奥秘；四是戏剧型，用情节性的故事演绎科学知识或科技人物。

要注意内容的科学性、典型性，要用画面说话。主题突出、结构严谨、层次分明、表述富于艺术性又不可过于夸张失真。

戏剧性的科普电视专题片要善于讲故事，要善于设计戏剧性的悬念和细节，要善于营造矛盾冲突，让人在戏剧性的享受中不自觉地将知识融入心里，只有这样才能保证节目的收视率。

科普电视专题片的制作同样要讲求科学的严肃性，绝不可以为了收视率将科学知识庸俗化，甚至传播错误的"科学知识"。

科普电视专题片的制作还要讲求表述的艺术性，尽可能将优美的画面、音效、解说呈献给观众。

科普电视专题片的篇幅不宜过长，以 20 分钟到 30 分钟为宜。

科普电视专题片《鹤舞高原》，介绍了有"高原神鸟"之称的国家一级保护动物——黑颈鹤和湿地环境知识。该片分别由黑颈鹤越冬习性、行为特征、集群形式，黑颈鹤越冬环境，黑颈鹤困境，民间黑颈鹤文化，黑颈鹤与人 5 个专题组成，充分展现大自然孕育的珍禽的美丽，是科普知识与审美趣味水乳交融的佳作，让观众在有趣和唯美的画面中，学到野生动物的科学知识，并增进对大自然的热爱和尊重。

中央电视台气象频道《中国地理探奇》栏目摄制组拍摄的科普电视专题片《穿越皖西大裂谷》，整体构思非常完整，一边用画面对皖西大裂谷的地质构造和奇特、惊险、神秘的地貌奇观进行清晰的展示，一边通过对六安气象学家、地质学家的访谈解释大裂谷的成因、气候、科学保护及旅游发展规划，是客观叙事和主观叙事结合得较好的一部电视科普专题片。

第四章　科普作品创作的方法

近年来，我国的科学事业发展迅猛，与之相对应的优秀原创科普作品却凤毛麟角，作品质量更是良莠不齐，与我国经济文化发展不协调。因此，对科普创作方法的探索便显得尤为重要。

季卜枚先生在《怎样写科普文章》一书中表明，其对科普创作的方法有独创性见解。他在文中说："科普创作是用创造性的劳动，普及科学知识、技能及先进的科学思想、科学方法。其中，主要的是在'科'和'普'两个字上，'科'指科学性，是科普创作的立足点。'普'是普及性，是科普创作的着眼点。"[①]

章道义、陶世龙、郭正谊主编的《科普创作概论》，详细阐述了各类科普文体在科普创作中应注意的方法和技巧："科普创作则着重逻辑思维的运用，在撰写、设计、绘制或拍摄某种科普作品时，作者要通过自己对题材和形式的选择，主题思想的提炼，内容和素材的取舍，文章结构的安排，生动活泼的叙述，通俗浅显的讲解，深入浅出的剖析，形象感人的描绘，表现出他对某些科学技术问题有独到的见解，或在表现方法上有新颖的构思，与众不同的手笔和通俗化的艺术。"[②]

徐渝江在《关于科普创作的思考》中论述道："科普创作就是通过文字创作把科学知识向普通民众说清楚、说明白，达到普及的目的。"[③]这就进一步表明了在科普选题时一定要把群众的需求放在首位。

核专家吴景勤对科普创作的理解，富含着新时代的气息。他认为："科普创作的理论研究主要体现在'写什么'和'怎么写'，这是创作的核心问题。科普创作不仅要关注创作本身，即创作者的内心体验、学识素养、创作手法和技巧，还要关注怎样利用大众媒体的问题。"[④]

在本章中，我们将依次阐述科普创作的各个具体环节中可运用的科普创作方法和技巧。科普创作作为一门艺术，在其发展历程中，总有一定的规律可循，总有相对成熟的经验可以借鉴，力求对科普创作的各个具体环节有所把握，是撰写本章的基本出发点。

---

① 季卜枚. 怎样写科普文章. 武汉：湖北科学技术出版社，1986：7.

② 章道义，陶世龙，郭正谊. 科普创作概论. 北京：北京大学出版社，1983：6.

③ 徐渝江. 关于科普创作的思考. 2011 年第二十八届中国气象学会论文集，2011：7-10.

④ 吴景勤. 科普创作漫议. 2008 年第十届中国科协年会论文集（四）. 2008：37-39.

第一节　五步式法

　　科普作家徐传宏曾经提出读、析、仿、积、创五个环节，是引导青年学生进行创作的有效方法[①]，我们称其为五步式法。科普作家董纯才在《从模仿到创作——我写科普读物所走过的道路》一书中透露，自己在翻译法布尔和伊林的作品时，一边翻译一边阅读和赏析，再通过模仿他们的写作手法，逐步积累，最后实现了独立创作。

　　五步式法的具体创作方法，可归纳为如下几个方面。

一、读

　　读是指博览群书，努力拓展知识面。阅读的素材主要有教科书和课外科普读物。在阅读时应当注重吸收多元化的知识，建立科学严谨的知识体系。

　　杜甫也曾写道："读书破万卷，下笔如有神。"寥寥数字，道尽了阅读与写作的关系。读是写的基础。阅读可以培养人的审视和审美能力，为写作激情的迸发奠定基础。初学者掌握科普创作的方法，提高科普创作的水平，多看、多读优秀的科普作品是自行创作的最有效途径之一。

　　茅以升先生在创作"桥"系列作品之前，对我国有记载以来修建的各种桥梁做过全面深入的考察和研究，最终完成了"桥"系列的优秀著作，如《没有不能造的桥》《桥梁远景图》《中国的古桥与新桥》《桥话》《中国的石拱桥》《名桥谈往》《二十四桥》等。他的实际经验对于科普作品写作者来说，有着现实意义。

　　读分为粗读和精读两种。粗读是指泛读和浏览，泛读是指为了把握文章的中心或段意而进行的快速阅读，通常不按次序去读，而是运用跳跃式的阅读方法，目的是在广度上对科普作品写作有一种大体印象，并把握每一章节的主要思想，在广泛的阅读中不断吸收精华，去粗取精。浏览就是先快速阅读全书的提要、目录、标题、注释及参考文献，目的是形成对全书的概略印象，并确定所找材料的位置。精读即细读、研读，以精读的方式进一步细读，目的是对全书内容有全面透彻的理解，详细掌握书中的每一个论点、论据和论证方式，有针对性地让初学者掌握科普创作理论和写作技法。

　　在读的过程中，方法也是很重要的。盲目的、机械的阅读带来的结果只可能是一无所获。如果在阅读过程中带着问题去读，带着思考去读，并弄清书中关键字句和段落的准确意义，就能对书中所蕴含的知识形成深刻的认识和理解。学校图

---

　　① 徐传宏. 科普创作的前奏——科普写作五步法. 科技视界，2011，10：34-38.

书馆内普遍藏有数量相当的专业科技类图书和涉及各个领域的科普类图书，科普类的报刊更是丰富，这些科普图书和科普报刊可以作为科普创作的课外读物。例如，科普期刊就有《科学大观园》《科学画报》《百科知识》《科学生活》《科学之家》《大众花卉》等。在阅读课外读物时，要寻找适合自己的方法，并善于使用方法。

掌握阅读的方法，并阅读不同类型的科普读物，既可以丰富业余生活，开阔视野，又可以认识到不同类型的科普文体的区别，有助于激发写作兴趣，扩大阅读范围。

二、析

析是指赏奇析疑，赏佳作析疑义。赏析是鉴赏的过程，是实现由感性认识到理性认识的飞跃。主要是精选优秀的科普作品供读者阅读与欣赏，便于初学者从自身的思想感情、生活经验、艺术观点和艺术兴趣上品味、领略有关科普创作的理论及科普作品写作技法。

在经过浏览、精读全书之后，再把全书的内容贯穿起来，进行赏析式的阅读。"浏览—精读—赏析"是一种应用广泛的读书方法，这种读法顺应读者的心理与生理习惯，符合读者感知和思维的特点。

赏析可以是全面性地对科普作品进行欣赏，也可以是根据作品本身固有的艺术特点有重点地去评析，强调审美兴趣和审美判断在写作过程中的作用。

如果从选题技巧来看，《DNA 亲子鉴定实用指南》这篇科普文章就很值得我们品味与鉴赏。

DNA 亲子鉴定属于社会热点，作者及时捕捉到了这一信息，《DNA 亲子鉴定实用指南》由此成为我国第一本 DNA 亲子鉴定科普读物。

在选题原则上，该文作者兼顾了科普创作中的四个原则。

其一，科学性原则。DNA 亲子鉴定的历史演变及发展，是一种真实的客观存在，都是科学事实。这就符合了选题的科学性原则。

其二，创新性原则。作品中所介绍的 DNA 亲子鉴定，在当时可以称为新技术、新成果，但有关 DNA 亲子鉴定的知识，却并非家喻户晓，大部分读者对此了解甚微。因此，这篇文章的选题符合创新性原则。

其三，需要性原则。一方面，思想观念、生活方式及流动人口等因素带来了DNA 亲子鉴定热；另一方面，公众对 DNA 亲子鉴定相关科学知识缺乏了解。作者预见了公众对 DNA 亲子鉴定知识的强烈需要，该书的出版有助于提高公众对这方面知识的了解，这就是社会的需要。

其四，可行性原则。作为医学博士，邓亚军有着渊博的 DNA 相关的科学知识，对 DNA 亲子鉴定的具体内容比较熟悉，手头已经掌握了较丰富的资料。这是一部社会性选题的科普作品，内容深入浅出、通俗易懂，集可读性、技术性及可操作性为一体，自然符合了可行性原则。

科普小品佳作《水杉的自述》中，作者开篇便写道："我叫水杉，因为我的枝叶扶疏，姿态秀丽，常常被种植在公园、庭院、路旁和水边，成为众口赞誉的风景树。我的材质细密，可作建筑、家具及造纸原料。只要环境适宜，我幼年时期每年可长高一米多哩！"[①]以物拟人的自述语气，使得读者和水杉之间更加亲切、自然。随后文章分"我是怎样闻名于世的""几经风霜，独芳一枝""我的近亲和异族""我在旧社会的心酸遭遇""古树焕发青春"五小节讲述了水杉的来源、发展历史、种类及在旧社会和新社会的待遇对比。全文一气呵成，文风清新活泼。通过赏析，我们对作者呼吁保护水杉的把握更加准确。

挑选一部科普作品或一篇优秀的科普文章，并养成写书评或读后感的习惯，这种习惯有助于提高自身对科普读物的赏析水平。当然，不仅要对科普大家的作品进行赏析，还应对自身的作品进行赏析。这样做既可以培养写作兴趣，又可以调动写作的积极性，更重要的是，在赏析自身作品的同时，对自身的不足和缺陷能有更加深刻而客观的理解。

三、仿

仿是指借鉴和模仿，即从模仿入手，借鉴和学习科普佳作在立意、结构、表达、语言、修辞等方面的特点，运用在自己的创作中。

审视作文仿写，让我们明白仿写是写作实践中一种实用的训练形式，是符合人们认识事物的内在逻辑顺序的。仿写的训练，"其目的是化难为易，便于学生循序渐进，拾级而登，克服畏难情绪，激发其写作的兴趣和自信"[②]。仿写能调动创作的积极性，是因为在仿写的过程中，初学者可以探索和模仿科普大家的布局谋篇、构思立意、遣词造句，从而找到写作的规律和乐趣。

在仿写训练过程中，应该注意以下三点。

第一，仿写只是借鉴科普范文的方法、结构和顺序等，相对于原文则是另起炉灶，再写一篇相似的文章。因此，主要内容与资料和原文都是截然不同的，切忌照抄内容，改头换面，文章的题材及其他各方面都需要重新选择。重要的是仿写前要仔细钻研原文，理解原文的写作结构和行文方法，在模仿原文的同时合理安排自己的选材布局和语言表达。

① 林协. 水杉的自述//叶永烈. 中国科学小品选. 天津：天津科学技术出版社，1985：427-431.
② 李岁爱. 从模仿入手激发写作智慧. 中学语文教学参考（教师版），2008，10：78-79.

第二，切忌将仿写与缩写、扩写、改写等混淆起来，它们之间的差别甚大。缩写、扩写与原文的主题一致，仿写则是运用不同的题材，写不同的内容，表达不同的思想主题；改写可以改变原文的行文方法、体裁、结构等，仿写则要求在这几个方面与原文一致。在仿写时，要在叙述顺序或表现手法上符合原文的样子，在其他方面可以大胆创新，不受约束。

第三，仿写必须从生活实际出发。仿写以生活实践作为首要前提，如果离开生活实际，为仿写而仿写，显然是"巧妇难为无米之炊"。仿写时，不可做表面功夫，要领会原文中作者所要表达的思想，并融合到自己的写作中，反映自身的实际生活。要从自身的认知规律出发，在原文的基础上进行突破和创新，并与自身的实际生活经验紧密结合，用自己的感官和心灵去感知世界，抒发最本初的情感，拓宽思维空间。

科学小品丛书《十万个为什么》在社会上引起极大轰动的同时，不少科普作家不是沉醉其中，而是从中充分吸收营养成分，对《十万个为什么》采取的问答式结构方法进行仿写学习。其中不乏佼佼者，他们通过学习借鉴这种结构方法，进行创新，从而实现了独立创作。例如，《e 时代 N 个为什么：环境》《农博士答疑一万个为什么》《企鹅的脚为什么不怕冻？》等优秀的科普作品问世。《e 时代 N 个为什么：环境》在仿写的基础上进行了独立创新，不仅解答了 e 时代遇到的或将要遇到的环境方面的问题，还模仿网页设计的思路，书中设有"点击版块""链接版块""名人名言""科技与社会"等小栏目，突出了 e 时代的鲜明特性。

实践表明，加强仿写训练，可以为青年科普学者指引一条成功的道路，使他们对写作产生浓厚的兴趣，进而提高写作水平。仿写既可以消除对科普作品写作的畏难情绪，又可以为今后的独立写作打下基础。

四、积

积是指收集素材和积累。写作必须先有素材，这是由我们认识事物的客观规律及思想的产生、发展的客观规律所决定的。

积累素材，一靠勤。在日常生活中，看到或听到对写作有用的、与专业相关的、感兴趣的材料，要养成随时摘录下来的习惯。对捉摸不透的素材，也要随时记录下来。要利用一切机会从学习中、生活中和社会实践中捕捉信息，获取写作资料。多角度地观察生活，善于捕捉事物的特征，写作时自然"腹有诗书，字字珠玑"。

积累素材，二靠心。俗话称："事事要做有心人，处处留心皆学问。"著名科普作家周建人的科学小品《蜾蠃俗称螟蛉虫》[①]中引用了 17 条资料，引出了形象各异的虫类，如蜘蛛、尺蠖、细腰蜂、蟋蟀、螳螂等，也谈及了自身与这些虫类相关的生活经历。

积累素材，三靠恒。"读万卷书，行万里路"是亘古不变的真理，知识的积累需要持之以恒，这是保证积累的习惯性最有效的途径。周瘦鹃的科学小品《闲话荔枝》，短短一篇却引用果树相关资料 8 处、诗文 9 处、传说 3 处，令人心生敬意。这篇优秀的科普小品与作者平时注重积累材料的习惯是密不可分的。

传统的积累资料方法有制作卡片和眉批线划两种。随着网络的普及，积累素材变得更为便捷，只需找到自己所需要的素材，再下载下来做成摘录即可。本章第五节详细介绍了制作资料卡片的方法和眉批线划的种类及其他积累资料的方法。

五、创

创是指独立写作，独立写作需要具有创造性。

说到创造性，任何一种写作都不可能有一套固定不变的模式。创造就是要求差异，就是要求标新；创造不能按既定类型、既定框框去做；创造无定论，否则难免落入俗套，就没有了创造。鲁迅先生也说："从'小说做法'学出来的作者，我们至今还没有听到过……这也难怪，因为创作是并没有什么秘诀的，能够交头接耳，一句话就传授给别一个的，倘不然，只要有这秘诀，就真可以登广告，收学费，开一个三天包成文豪学校了。"[②]创造是艺术，不是任何条条框框可以束缚的，它总要打破常规，开辟自己的道路。

创造性思维是超越固有的传统模式，进行开创性探索的心理活动，是人类最高级的思维方式。它要求作者能把自己在学习、生活、工作中获得的科学素材，经过选择、提炼、加工，用新颖的构思与独特的表达方式，撰写成科普作品。

创是五步式法的最后一个环节，其本身就是一项创造性的活动。新颖性和独创性是写作的两个最显著的特征。这就要求作者在审题、立意、选材、组材、表达、书写和修改等方面具有深厚的综合能力。在创作中，科普作者必须善于从浩瀚的科学知识海洋中寻找最有趣、最典型和最前沿的资料，然后用通俗且形象的表现手法将这些科学知识呈现出来。

科普作品写作是科普创作的基础。只有地基稳了，这座科学大厦才会屹立不倒。初学者的写作练习，特别是在初学阶段，占据着基础性的地位，要提高写作能力，就必须经常练习写作。孙移山在《写作方法和技巧》中说："只有多写常用，

---

① 周建人. 蜾蠃俗称螟蛉虫//袁育才. 百年百篇经典科普. 武汉：长江文艺出版社，2004：46-48.
② 鲁迅. 不应该那么写//鲁迅. 鲁迅全集. 第六卷. 北京：人民文学出版社，2005：246.

学过的词才会活在脑子里，当你写作时，它们就会一队队涌到你的眼前供你选用；如果不常写，学过的词再多，也死在脑子里，当你要用的时候，找不到它们。"①"业精于勤"说的就是这个道理。关于创作，季卜枚先生也给出了自己的看法："勤写，不是低水平上重复，而是沿着螺旋形的轨道上升。写得多，不如写得精。搞科普创作不是以多取胜，而应是以'以质取胜'。"②

学习创作，一开始就要养成良好的习惯。要养成随手写摘记的习惯，它可以帮助初学者获得更丰富、更广泛、更真实的材料。要养成拟提纲、打草稿的习惯，提纲可以帮助初学者看清文章中各个章节之间的复杂关系，草稿使得作者的思想不受约束，更能激发创造力。要养成反复修改的习惯，修改是写作过程中不可或缺的重要步骤，是提高作品质量的有效环节。

第二节 问 答 式 法

问答式法就是把所要介绍的科技知识用一问一答或对话的形式表达出来。内容决定形式，形式为内容服务，这是写作的基本规律。在科普作品中，采用问答式法是十分普遍的。下面从科普著作、科普儿童读物、科普广播、科普相声、科普新闻这几种形式来谈。

例如，《列子》的"汤问篇"以殷汤问、夏革答的形式论述了宇宙的层次和在时空上无穷尽的思想，伽利略的《关于托勒密和哥白尼两大世界体系的对话》用对话形式宣传日心学说。

在自然科学通俗化方面做得比较早的是著名科学家奥斯特瓦尔德在 1904 年出版的《化学比较》。该书以师生对话的形式，通俗地介绍了当时的化学知识。

法布尔塑造了保罗大叔和他的几个侄子与侄女，通过叔侄间的对话介绍了自然界和日常生活中的各种基础科学知识，其著作包括《科学的故事》《家常科学谈》《化学奇谈》《家畜的故事》等。

继法布尔以后，许多科普作家纷纷效仿，创造出诸如"科学博士""动脑筋爷爷"等一系列人物，其他的大多是保罗大叔的演化。这类作品有一些是成功的，如《算得快》，通过高商和他的同学在学校的活动，以对话形式介绍了各种速算的技巧。《科学并不神秘》通过四个中学生和老师的对话，介绍了伽利略落体运动定律等基本物理问题，这是作者根据自己对科学史和科学教育的研究成果写成的。该书的主要思想和基本事实都有资料根据，也是对话形式与史话形式综合的知识性读物中的佳作。

---

① 孙移山. 写作方法和技巧. 济南：山东教育出版社，1983：13.
② 季卜枚. 怎样写科普文章. 武汉：湖北科学技术出版社，1986：13.

需要指出的是，有些对话形式的作品并不成功，如把师生问答记录成课堂讲稿的改编，枯燥无味；"科学博士"或是神秘莫测或是变成问答机器，脱离了生活，显得苍白无力。写作时，应极力避免这种情况。

我国的科普儿童读物中，很多采用问答式法，优点是简洁明了。儿童的阅读能力、接受能力比较弱，面向他们的科普读物，不但要吸引他们读下去，还得调动他们的思想，让他们边读边想，养成良好的获取知识的有效方法。以《十万个为什么》丛书为例。文章通常采用"为什么"的标题，每篇文章是千把字或几百字的科学普及小品，短小而精练。作为一套科普读物，《十万个为什么》诞生50多年来在传播知识、普及科学方面起到了积极的促进作用。

"一问一答"是《十万个为什么》丛书的特色所在，也是其成功所在。采用问答式法，显得作品本身清新活泼、浅显易懂；编者也思考着孩子们最关心的话题，所写的都是孩子们在日常生活中会遇到的"为什么"："为什么不能将椰子上的毛捋顺？""为什么球王贝利对足球比赛结果的预测还不如章鱼保罗？""为什么常常会觉得硬盘空间不够用？""鱿鱼是怎么游泳的？"[①]

在科普广播中最常见又深受群众欢迎的形式就是广播问答，也就是科普对话。广播问答通过具体人物的交谈来介绍科学知识，尤其是对一些深奥难懂的科学知识，用问答形式反复讲解，听众很容易接受。科普问答一般分为以下几种。

第一，只有人物身份而无人物特性的一般性问答。主要目的是讲清科学道理。

第二，具有人物特性的问答。有利于内容的表达，给听众留下深刻印象。

第三，兼有人物和场景的问答。场景的出现除了烘托气氛以外，主要是为了使所讲的科学道理形象化，使听众加深印象，容易理解。

切忌简单化的对答，尤其不要给人"问者是傻瓜，答者是智叟"的印象。这种单纯的一问一答，使人感到呆板、乏味，不能引起听众思想上的共鸣和感情上的交流。问答，最好用启发式、讨论式，有问有答，把话说到听众的心坎里；问答最好口语化，不可长篇大论，否则令人厌烦；问答的话题要集中，切忌散漫，对于深奥的原理、基本的知识，可以顺着听众的思路，多问几个"为什么"，使听众抓住要领，深刻体会。

科学相声，顾名思义，是科学与相声结合的产物，是我国独创的科学文艺品种。相声一般是由两人说的，也称对口相声，相声演员一边用动作、表情表演，一边用语言表达，两人相互配合，一捧一逗。科学相声不仅可供阅读，而且可供表演，使人们在欢笑中获得科学知识。科学相声还可供广播、电视台演播，丰富人们的文化生活。表演科学相声不需要特定的舞台、场景，只要两个人往那里一站便可以演起来，形式十分贴近观众。

---

① 韩启德. 十万个为什么. 上海：少年儿童出版社，2013：115.

在科普新闻中，问答式法应用也十分广泛。在科普新闻中，所要报道的问题要在导语中醒目地提出来，引起读者的关注，给人们一种非常突出的印象，最后给予简略的回答。这种一问一答的写法特别适合用于对科技方面的重大发现和重大成果的首次报道，特点是引人入胜，帮助读者明确新闻的主题。

第三节 简要阐述式法

简要阐述式法的结构是保留原有科学的知识体系，抓住一条主线，由远及近、由浅入深，用简明流畅的文字，对主要内容进行浅显的解说和概括性介绍，并配以图片、漫画、表格等，如徐传宏的《茶百科》。

徐传宏的《茶百科》介绍了茶的由来。"茶，一字多义，又一字多音。《辞海》'荼'字条，注明三个读音：一与'途'字同音；二与'茶'字同音；三与'书'字同音。'荼'在指称茶时，读音也是'茶'，因为'荼'是茶的古体字。湖南省有一个县，现在叫'茶陵'，而在《汉书·地志》中写成'荼陵'。这个荼陵的'荼'即读作'茶'字。"①《茶百科》以茶为主线，简要阐述了茶品、茶饮、茶具、茶道、茶艺、茶食、茶肴、茶保健、茶疗、茶俗、茶文化、茶旅游、茶馆、茶典与茶人等历史，融科学性、趣味性和实用性于一体。

简要阐述式法不仅是科普著作的主要写作形式，在科普新闻中同样有着广泛应用，特别是某些具有累积统计数字的新闻和成果综合报道。运用简要阐述式法，简要而准确地反映人造大脑的本质，达到通俗而有趣地介绍科学知识的目的，既省力又显得简洁。

简要阐述式法在科普新闻中主要表现在摘要式的写作手法上。摘要式写作就是用综合的方法把新闻的主要事实提纲挈领、简明扼要地写入导语。例如，《今晨6点》的《和雾霾打场攻防战》这则新闻："日前，由中国社科院与中国气象局联合发布的《气候变化绿皮书：应对气候变化报告（2013）》引起大家热议，其中提到雾霾天气的负面影响时，说雾霾会提高死亡率、使慢性病加剧、使呼吸系统及心脏系统疾病恶化，会改变肺功能及结构、改变人体的免疫结构等，甚至会影响生育能力。为什么雾霾会导致人体发生这么多变化？它进入人体后是怎样改变人体结构从而危害人体健康的？雾霾会影响生殖能力的说法究竟靠不靠谱？"②读者只要看完导语，便能知道这篇报道的主要内容。

《人民日报》的《嫦娥三号落月区较平坦》就是典型的成果报道，我们来看看这篇新闻的导语："随着探测器、火箭先后抵达西昌卫星发射中心，嫦娥三号任务

① 徐传宏. 茶百科. 北京：农村读物出版社，2006：2-4.
② 戎丹妍. 和雾霾打场攻防战. 今晨6点，2013-11-26：A28.

自 2008 年 2 月立项以来，先后经历了 21 个月的方案设计、26 个月的初样研制、20 个月的正样研制，目前正蓄势待发，直指 12 月的发射时机。嫦娥三号任务是落月，也不再称为卫星，而是称为探测器，包括了着陆器和月面巡视器，后者也正是月球车。此前的嫦娥二号，其重要任务就是为嫦娥三号探测器的月球备选着陆区虹湾拍照。当时，嫦娥二号卫星降至与月球表面近达 15 公里的高度拍摄虹湾地貌，为嫦娥三号的落月提供最重要的‘地图’。如今，嫦娥三号真的要来了。”[①]导语简洁明了，吸引读者继续读下去。

科教电影往往也会采用简要阐述式的方法。例如，秦永春、王聘臣的科教电影《包虫病的防治》的解说词：“包虫病，几乎遍布世界各地，而以牧区、半农半牧地区为多见。它是人畜共患的流行性疾病……这是从包虫病人肝脏取出的包虫囊肿，那么人是怎么感染上包虫病的呢？这还得从狗说起……所以，要及时地把患包虫囊肿病的动物脏器深埋或烧掉，不要随意给狗吃。要讲究卫生，保持个人和环境的清洁，不喝生奶、生水，不吃生菜。人畜用水要分开。”[②]作者从人是如何患上包虫病的根源说起，由浅入深地将包虫病的病源解释清楚，并指出了防范方法，不仅有助于观众了解这种疾病，还提供了避免患上这种疾病的方法。

第四节　逻辑推理式法

逻辑推理式法是科普作品写作的常用方法，“是从一系列有趣味性的难题着手，通过难题的解决，介绍基本的科学原理和解决问题的思维过程，有意识地培养读者的逻辑思维方法和推理能力。”[③]

在科普作品《无所不在的“5”》中，作者运用逻辑推理的方法，逐步论证了“5”内在的循环往复的周期性。“请任选两个非 0 的实数，如 π 与 76，那么，π 的八位数值是 3.141 592 6。现在请把第二个数 76 加上 1 作为被除数，把第一个数 π 作为除数做一下除法，即（76+1）/3.141 592 6=24.509 861，称为第三个数，然后再重复上述过程，当算到第六个数时，你将会大吃一惊，它竟和第一个数 π 相等，π 又回来了。”[④]读者会情不自禁地跟着作者一起计算、思考、验证和推理，当得出 π 和第六个数是相等的这一结论时，不得不感慨神奇的“5”。

实际上，逻辑性是科学本身所固有的。任何科学的原理、规律都是合乎逻辑的。例如对乱伐树木会影响农业的发展这一论断，我们做一下详细分析。这里涉

---

① 余建斌，吴月辉. 嫦娥三号落月区较平坦. 人民日报，2013-11-25：20.

② 秦永春，王聘臣. 包虫病的防治//万以诚. 优秀科普作品选. 呼和浩特：内蒙古人民出版社，1983：151-155.

③ 贺湘善，吴俊明. 基础教育现代化教学基本功. 北京：首都师范大学出版社，1997：244.

④ 谈祥伯. 无所不在的“5”//袁育才. 百年百篇经典科普. 武汉：长江文艺出版社，2004：219.

及的是生态学知识，乱伐树木，树木受到破坏，水土便会流失，随之气候也会受到影响，最终影响到农作物的生长。这一论断是符合事实规律的，但在具体的科普运用当中，不能只做表面的逻辑推理。如果这样，就可能从真知走向谬误，损害作品的科学性。例如，吸烟会提高肺癌的发生率，因此我们反对吸烟，但就这一结论而推出引发肺癌的原因就是吸烟，这在表面上很符合逻辑推理，实际上是与事实严重不符、不科学和荒谬的。

在科幻小说中，作者大多运用逻辑推理式法，这是由科幻小说本身固有的特点所决定的。叶永烈对科幻小说的特点有三点概括："一、它是'小说'，具有小说的特点。二、它是'幻想'小说，它不是描写现实，而是把未来尚未实现的事情当作现实来描写。三、它的幻想内容是有一定科学依据的，是符合科学发展规律的，因而它是科学的幻想，不是胡思乱想，科学幻想小说通过小说形式，向读者普及科学知识。"[①]科幻小说不仅有利于人们在轻松愉悦中得到科学技术的普及，还有利于激发人们对未知世界的探索。

我国科幻小说成果丰富，如郑文光先生的小说《太平洋人》，讲述了 3017 号小行星运动到近日点时，人们对这颗小行星产生了强烈的求知欲，并提出了三个设想，作者熟练地运用逻辑推理，通过设想的实现过程与科学理论的紧密结合，普及科学知识，使作品令人回味无穷。萧建亨的《布克的奇遇》，描述"布克"这只小狗在被汽车压死后，科学家把"布克"的头颅移植到另一只狗的身上，3 个月后"布克"奇迹般地复活。

西方的科幻小说更加丰富，尤以艾萨克·阿西莫夫的作品为代表。在《智者的科学指南》（*The Intelligent Man's Guide to Science*）中，他准确而通俗地把现代科学知识介绍给没有任何科学基础的大众。"基地"系列向读者展示了一幅浩瀚庞大的宇宙画卷。"机器人"系列中的短篇作品主要收集在《我，机器人》作品集当中，此外，阿西莫夫有关机器人的科幻还包括长篇推理侦探《钢窟》《裸日》等。阿西莫夫利用自己提出的"机器人三定律"，即"第一，机器人不得伤害人类，或因不作为而使人类受到伤害。第二，除非违背第一法则，机器人必须服从人类的命令。第三，在不违背第一及第二法则的情况下，机器人必须保护自己"[②]，为机器人建立了一套行为规范和道德准则，从而演绎出一系列推理性和逻辑性极强的故事。

第五节　科普作品的创作方法与技巧

著名科普作家章道义等特别强调："科普创作要发展自己的特点和长处，不断

---

① 叶永烈. 论科学文艺. 北京：科学普及出版社，1980：93.

② 艾萨克·阿西莫夫. 银河帝国 8：我，机器人. 叶李华译. 南京：江苏文艺出版社，2013.

创新，切不可用什么'科普创作法'之类来束缚自己……要创作出好的科普作品，关键在于作者自己的学习与实践，靠作者自己的探索和创造。"①基于这样一个观点，本节所指的技巧，是指在创作前后应准备的材料和应该注意的问题。

一、资料丰富

资料是写作的基础。它既是形成观点的根据，又是表现观点的血肉，可以满足读者的求知欲望。因此，写作的前提与基础是要做好资料的搜集和整理。

（一）收集资料的原则

第一，及时性。资料的利用价值取决于该资料能否及时地提供，资料只有及时、迅速地提供给它的使用者才能有效地发挥作用。科普创作的性质，决定了资料的收集应该及时、有效，特别是科普新闻对消息和线索的要求更是及时的。因为只有最前沿的科普资料，对科普新闻才是有价值的。

第二，广泛性。科普创作重在科学技术普及，涉及的知识面广，上至天文，下至地理，五花八门，包罗万象。需要的资料不仅来源于著作和专业实践，还来源于群众的社会生活和大量的典籍、文献。这就要求所搜集到的资料要广泛、全面、完整。只有广泛地积累资料，才能创造出优秀的科普作品。

第三，长期性。该原则要求在收集资料的过程中持之以恒、坚持不懈，切不可"三天打鱼，两天晒网"。许多资料只有集中起来，经过分析综合才具有价值。许多资料在当时可能价值不大，但时间会赋予它们新的意义和生命力，特别是当它与后面的发展联系起来进行比较，常常会成为不可多得的资料。

第四，准确性。资料收集者必须反复核实收集到的资料，不断检验，力求将误差减小到最低限度。

（二）收集资料的途径

第一，结合专业，处处留心。用于科学研究的资料，同样适用于科普创作。萧建亨在《科普作家谈科普》一文中谈及科普创作时说："一个才开始从事科普创作的同志，最好还是尽力发挥自己的所长，先从自己熟悉的专业开始，逐渐地从一个专业扩大到其他领域。"②伍律并不是为了写《蛇岛的秘密》而去蛇岛考察的，而是他在蛇岛的本职工作为他书写这部作品提供了物质条件。竺可桢写《物候学》

---

① 章道义，陶世龙，郭正谊. 科普创作概论. 北京：北京大学出版社，1983：44.
② 萧建亨. 科普作家谈科普/《地质报》编辑部. 科普作家谈创作. 北京：地质出版社，1980：9.

时，将数十年积累的资料作为基础，这本书也可以说是他的研究课题。我们要结合专业，处处留心，把科普创作同本专业紧密结合起来，相辅相成。

第二，独具慧眼，时时留意。观察作为资料的主要来源，在科普创作的过程中扮演着十分重要的角色。观察通过人的眼、耳、鼻等感官获得直接经验，虽然会受到时间和空间的限制，有一定的局限性，但是观察的作用十分重要。通过阅读得来的间接经验，只有在直接经验中得到证明和补充，才会鲜活起来。

许多有经验的作家认为，要从平常的生活事件中找到可用之材，即要有一种透视事物本质的眼光，善于发现别人所未曾发现过的，善于发现潜藏在生活深处的一角。要从事科普创作，必须深入社会生活中去。陈顺宣和王嘉良曾说："生活中的美，有时是以很'偶然'的形式显现：在一些很不起眼的小事上，一刹那集中了那么多高尚的东西，人类的无私精神、善良品质、优良美德，都在此时此刻裸露无遗了。"①因此要尽可能地观察、感受和体验纷繁复杂的事、形形色色的人，时时留意生活的方方面面。

第三，实地考察，动手实验。想要获取第一手资料，必须深入实践中。实地考察、动手实验都是我们熟知的获取资料的有效途径。具体使用哪种方法，可以根据题材内容的要求和实际的可能，灵活运用。

要想获得第一手资料，不仅要深入实践，还要勤于考察，勤于发问，勤于记录，勤于思考，不厌其烦，坚持不懈。进行科普创作，一定要接触实际，如到工厂参观、去野外考察、在家中养动植物等。

第四，博览群书，开阔视野。阅读作为资料获取的手段之一，具有不可替代的地位。博览群书不仅可以借鉴前人的写作方法，还可以开阔视野、增长知识。书面资料可以打破时间和空间的局限，使我们在创作过程中获得更广泛、更丰富的资料。

（三）积累资料的方法

传统积累资料的方法有制作卡片和眉批线划两种。随着新时代信息产业的高速发展，拆剪复印，摄影、录像、录音，上网下载已经成为积累资料的有效、快捷的方法。

第一，制作卡片。根据文献的特点和自己的具体需要，可以把卡片大致分为四类。①索引卡片。指只抄录作品的题目、著者、出处。②提要卡片。指除了注明作品的题目、著者、出处外，还要用简练的语言概括全文的主要内容。③摘录卡片。就是将书籍或作品中最有用的片段摘录下来。④心得见闻卡片。就是把读书心得或有价值的见闻写下来，这是各类卡片中创造性成分最高的一种。

---

① 陈顺宣，王嘉良. 微型小说创作技巧. 南宁：广西人民出版社，1990：52.

第二，眉批线划。眉批线划就是读书时在书上圈点、批注，或把自己的心得体会写在空白处。这样做不仅有助于加深记忆，还是理解过程，有时又是反复咀嚼、推敲的过程。眉批线划有两种：一种是边读边用笔墨在书上圈点、批注；另一种是心得式，即将读书时的感想和体会写在空白处。在给文章作批注的同时，也完成了对资料的原始积累和升华。

第三，拆剪复印。积累资料时往往少不了拆拆剪剪。拆是指将书刊上认为有用的资料拆下来，分类储存。剪是指将有价值的资料从报刊上剪下来，分门别类地粘贴在本子上。

第四，摄影、录像、录音。对科学现象或突发状况及时进行摄影、录像和录音，不仅能第一时间获取第一手资料，更能感受科学世界的伟大和惊心动魄。

第五，上网下载。21世纪网络技术愈加娴熟，网上图书馆及数据库资源的不断更新与丰富，使得资料的获取更加便捷。但要注意的是，网上资料浩瀚如海，鱼龙混杂，一定要用科学的思维方式认真筛选，本着认真负责的态度，辨别好坏真假。

无论是用卡片收集资料还是剪贴资料，都必须注明出处。对收集来的资料不要随手一放，置之不理，而要认真阅读，仔细分类，进行研究。

二、选题准确

科普创作选题有其自身的规律性，既要符合需要性、创新性和科学性的要求，又要考虑选题是否具有现实可行性。这四个基本要求明确了"为什么写"（why）、"为谁写"（who）、"怎么写"（how），实际上就是在进行选题的科学决策。下面对这四个原则进行详细的叙述。

（一）需要性原则

需要性原则指的是选择的研究问题必须是社会实践所需要的，具有研究的意义和价值。科学普及是一种目的性很强的探索活动，选题的需要性原则，正是体现了这种目的性，体现了研究问题为社会和科学自身发展需要服务的价值取向，在一定程度上体现了选题的研究价值和意义。满足社会需求是科普创作的最终目的，因此，"需要"是选题最重要的根据。

科普创作人员在寻找选题时一定要深入生活，捕捉与人们生活关系密切的题材，敏锐地发现人们迫切需要了解的问题，及时把镜头对准它们。科学家竺可桢创作《物候学》，就是为了帮助人们认识自然、了解季节变化的规律，并用于农业生产和科学研究。

（二）创新性原则

创新性原则就是指选题要新。科普选题要注意社会密切关注的重要科学前沿问题、目前某一科学领域亟待解决的问题，在这些问题上要有所突破和创新，所选的科普内容是别人没有涉及的；对旧问题本质有深度的理解，对旧问题具有突破性的认识；所运用的研究方法、原理、结论与前人不同，具有创新性。

创新性原则强调探索未知世界的新现象和新规律的本质特征，反对选题因循守旧、重复雷同、造成浪费。做到选题的创新性，第一，要掌握新动态，善于发现新情况、新问题；第二，要提高自己的学术素养，培养对普通问题的特殊理解或新意理解。

（三）科学性原则

科学性原则是指选题时要以唯物主义基本原理为方向，以科学实践的客观规律为基础，以认识世界和改造世界为目的，并要求作品内容符合科学事实，始终贯穿科学精神，具备科学原理，没有科学性错误。科学性原则是指导科技活动的灵魂，是科普创作的根本出发点，是所有科普作品的生命。

科普作品因其自身性质，担负着向大众普及科学知识、启蒙思想的职责，保证选题的科学性尤为重要。随着时代的发展，科技的发展速度日益加快，知识更新的周期也越来越短，科技进步的作用日益突显，科普创作的选题更是要做到与时俱进、贴近科技的发展。选择的题材必须贴近现代科学技术知识和具有较高的科技含量，而且是完整、成熟和准确的，为把全面的、切实可行的科学知识传递给大众读者做准备。

选题的来源要有科学依据。这对创作者自身的科学理论素养提出了严格的要求，在创作过程中不能脱离客观规律凭空想象和猜测。注意选题的科学性，有利于培养研究者特别是青年学者的科学素养，引导他们树立坚定的科学信念。

（四）可行性原则

可行性原则要求研究者根据实际具备和经过努力能够具备的条件来选择研究问题，充分估计完成问题所需的主观、客观条件。从主观方面来看，既要具备科普创作的知识与认识，又要客观认识自身的专业能力，并选择与自己的志趣相关的科学内容，扬长避短，充分发挥自身的优势。从客观方面来看，要具备完成创作所需的资料、费用和时间等。充分考虑创作所需资料是否充足和获得的难易程度、创作所需费用如何解决、创作所需时间的长短。选题的可行性原则强调了科普创作的现实条件，若不具备现实条件，科普创作的既定目的就不可能达到。

可行性原则体现了选题的条件，是选题应该遵循的又一条基本原则。任何时候，人们的认识与实践总是要受到一定的条件限制。

三、标题新颖

（一）标题设计的基本要求

标题设计十分复杂，可谓五花八门，但我们认为，尽管标题设计变化多端、种类繁杂，但是有一个总体性的基本要求，那就是要坚持标题的鲜明性和含蓄性。

鲜明性就是指标题意义的确定性、可感知性，能准确、鲜明地传达文意，不能使标题产生歧义或令人费解。人们赞赏那种新颖优美、声情并茂或出奇制胜的标题，但必须以鲜明、准确地传达文意为前提，离开这个前提，就会导致文字上的哗众取宠。鲜明性除了题意明晰以外，还应当鲜明夺目，兼具生动性和形象性。

含蓄性就是要求标题的意义不表露于外层，做到含蓄深藏，让读者读完作品之后能掩卷深思，能品味出其中无穷的韵味和深刻的哲理。标题含蓄，空间就大，读者的想象就可以驰骋其间。另外，标题的含蓄性能吸引读者将文章读下去。需要提醒的是，含蓄并非晦涩、费解，而是能引人联想，激发创造性思维。

（二）标题的常见形式

标题的形式多种多样，文无定法，标题的制作也没有固定的形式。分析科普读物常见标题的拟定，就一般情况而言，可以分为 7 种形式：①直叙式，如《生命的奥秘》《天体的来龙去脉》等；②疑问式，如《什么是哥德巴赫猜想》《为什么水往高处流》等；③警句式，如《看看我们的地球》《为了胎儿的安全请您数一数胎动》等；④比喻式，如《植物的"医生"啄木鸟》《细菌怎样进攻》等；⑤成语式，如《耕云播雨》《海市蜃楼》等；⑥启迪式，如《火车的遐想》《让刀具"返老还童"》等；⑦寓意式，如《春满大地》《招蜂引蝶花中蜜》等。

我们在考虑科普创作的选题时，要让这三个方面的题目优先：①我国重大的科技成就；②世界上发生的重大新闻；③介绍我国科学发展的相关知识。这三个方面都是人民群众密切关心的话题，符合人民群众的需求和社会需要。

（三）标题设计"五字"诀

有前人提出标题设计要在"新、奇、趣、疑、妙"五个字上做努力和探求，这是十分有道理的。综观科普丛书篇目，凡是在上述五个字上有所侧重或表现的，标题大都各具特色。

1. 新

科普作品的内容要求创新，标题同样要求创新。要使作品能抓住读者的心，首先标题要有吸引力。新，要有同作品的崭新内容相呼应的崭新标题，使人一读标题，就知作品是在反映着时代的新风貌，是在弹奏着时代的新音符。例如，《"天"生与"人"生：生殖与克隆》这个标题时代气息浓，文句锤炼得形象生动，给人一种新鲜感和形象感。

新，更重要的是要不落俗套，去掉公式化，在命题的内容和形式上都要别出心裁、高人一招。美国著名作家海明威在给自己的小说命题时，总是踌躇良久，推敲再三。他为了选定一个好篇名，会把所想的几十个甚至上百个篇名全部写下来，仔细斟酌，最后选出一个最有新意的定名。

2. 奇

出奇制胜，在艺术表现上有大幅度震动读者心弦的功能，用于标题设计，也有同样的功效。标题设计，突出一个"奇"字，悖于人们的本来预设，出人意料或使人大吃一惊，从而勾起读者的好奇心和求知欲。以奇取胜的标题，别有一番艺术魅力。

以奇取胜的标题，大致有以下几种。一种是以"奇"制造悬念，读者急于寻求答案，就产生了读下去的浓厚兴趣。例如，"死一定是很好的"，死是人生最大的忌讳，为什么会是"很好的"呢？另一种是以题式的怪诞或以算式命题引起读者的阅读兴趣，如"9/3 的难题""1+1=？"等。这类标题形式奇特、罕见，能引起读者的好奇心，同时，在标点符号和算式中所包含的含义，不显露于外层，只有读完它才能知晓其中的深意，就会造成一定的悬念。还有一种是以标题内容的怪谬不合理等吸引人，达到出奇制胜的目的。例如，"月亮也是热的"这类标题，想要传达的意义大抵同正常的生活现象相反，出乎人们的意料，自然也能引起人们的阅读兴趣。

需要注意的是，标题设计追求新奇，并不代表游离文意、故作惊人。标题的新奇来源于作品的独特构思，前提必须是"名""实"相符，文题紧扣。出奇制胜，又需以情理服人，即看标题是在意料之外，但读完作品又觉得在情理之中，所谓怪异，实则不怪。倘若标题只是为"奇"而"奇"，卖弄噱头，或者奇得毫无来由，读者的兴趣不但会完全丧失，还会萌生抵触情绪，效果会适得其反。

3. 趣

这是指标题的趣味性。科普作品中也有不少是以趣取胜的。作者挖掘出生活中某些有趣的因素，用诙谐的笔墨写出生趣。如果把这种趣味性首先应用到标题上，让读者从第一印象中就获得此种感受，艺术效果便会更佳。例如，老多的"贪玩的人类"系列，读者看到这个标题便会心生趣味。人类如何贪玩，为何贪玩？作者从"玩"这个看似平淡却又不简单的字出发，用天马行空的调侃文笔，配以精彩的插图，富含趣味地讲述了科学的诞生和发展历程，融科学性和趣味性于一体。

4. 疑

这是指在标题上故布疑阵，或是用设问形式向读者提出问题，吸引读者产生疑问，激发其寻找谜底的积极性，通过阅读又使问题得到圆满解决，从而获得艺术快感。例如，《天鹅之痛：中国野生鸟类行摄手记》，其艺术效果就首先表现在标题上。标题先是给读者一疑："天鹅为什么痛？"再激发起读者的阅读兴趣，读者读完作品后，领略了个中意味，不禁会心一笑。有的标题用直接设问的形式提出问题，如"花儿为什么这样红？"设问题型的性质就更明显，设问句起着三个方面的表达作用。一是抓住人们所熟知的花的特征——"红"，并提出问题，有助于揭示作品的中心思想；二是通过设疑、解疑使作品有一定的吸引力，设疑激趣使作品富有吸引力；三是作品正文部分从6个方面说明花儿这样红的原因，每个方面都用"花儿为什么这样红"开头，使文章脉络分明，节奏明快，增加了艺术表达的曲折性，也会收到更加显著的艺术效果。高士其的《土壤是怎样形成的？》同样是以疑问句做标题，讲述了关于土壤的基础知识。

5. 妙

这是指在词语的锤炼上下功夫，或是妙用各种修辞手段，如比喻、双关、拟人、夸张、借代等，或者化用成语、典故、俗语等，造成某种妙趣，使人过目难忘。例如，标题"细菌怎样进攻""光子医生"等运用拟人的表现手法，形象地表现出了事物的性质和特征。

有的作品巧妙地运用成语、俗语等，精确地传达文意，显示出标题制作之巧。有的作品用修辞格造出妙题，使其寓意丰富、妙趣横生。有的运用矛盾修辞的格式，造成悖于事理、不合逻辑，引起悬念，征服读者。例如，《月亮也是热的》《不稀有的稀有金属——钛》题意与基本科普常识相矛盾，能激发读者探寻究竟的兴趣。

四、结构巧妙

（一）谋篇布局的结构组合

结构是对整个作品内容的布局和安排，即怎么写的问题。情节如何设置，立意如何突出，都体现在作者对结构的把握之中。作者进行科普创作前必须对作品的结构有全盘缜密的考虑，结构的好坏是全局性的问题，直接关系到作品质量的优劣。

在科普作品的结构上，应努力做到以下两点。

第一，追求结构的完整性。科普作品的结构要求完整、和谐和统一。结构完整是科普作品的要求，但完整并不意味刻板和无变化。

第二，追求结构的美学性。科普作品讲求用曲折生动的故事和跌宕起伏的情节吸引读者进一步探求科学知识。因此，科普作品的结构除保证完整性外，还需注重引人入胜的美学要求。这符合一般读者的欣赏要求。从创作艺术本身来说，只有变化才能产生美，曲折变化也符合事物发展的客观规律。

在科普创作结构中要达到曲折有致、起伏多变的美学要求，要注意使情节跌宕起伏、引人入胜。譬如火山爆发的图景，是使人惊心动魄的情节，但如果安排不当，使用教科书式平铺直叙的方法，便不能引人入胜。如果仅仅叙述一座火山的爆发形成时间、达到的高度和抽象化的科学理论，那么便是枯燥乏味的。如果能描绘火山爆发时的细节，就能达到引人入胜的效果。

（二）落笔行文的表述方式

正文的写作方法有比衬、比喻、虚拟、曲笔、白描等。

1. 比衬

比衬就是找出那些与表现对象在本质上相类似或相对的、为读者熟悉的比较浅显而具体的比衬对象，并将它与表现对象进行比较，讲清楚两者之间的关系。例如，"原子真是小极了，五十万到一百万个原子，一个紧挨一个排起'长蛇队'来，也只有一根头发直径那么小的一点儿"。

2. 比喻

比喻即将一事物的形象描写，去比附、形容另一事物，形象地表现真正要表现的事物或道理。"那么原子的结构应如何呢？汤姆逊提出了设想的原子结构西瓜模型，他认为原子的整体是个带正电的西瓜，而电子就像瓜子一样镶嵌在瓜瓤之中，两者电量正好相等，符号相反，故原子呈中性。"[1]将通常看不见的原子结构，比喻成人们所熟知的西瓜结构，形象生动，易于读者理解。

3. 虚拟

虚拟是设计一些现实生活中没有甚至让人感到荒唐的情形，让读者展开想象的翅膀，获得鲜明的印象。徐家安在《理想的外衣》一文中描述道："皮肤和

---

① 袁育才. 火力侦察术//袁育才. 百年百篇经典科普. 武汉：长江文艺出版社，2004：215.

黏膜虽然有很强的战斗力，但有时也会遇到一些非常顽固的敌人而败北。譬如有一些细菌长着一层保护力很强的荚膜，就像战士披盔戴甲，不怕火烧，不畏酸溶……这些数以万计的大小将士，集中优势兵力，把敌人团团围住。有的张开血盆大口，狼吞虎咽把敌人吃掉；有的把敌人逼到一定角落，一举歼灭。"[①]这段文字就是运用了虚拟的方法，栩栩如生地描绘了皮肤与细菌战斗的壮观景象。

4. 曲笔

为了更加有效地揭示事物的本来面目，将科普作品写得波澜曲折、跌宕起伏，即曲笔。

5. 白描

白描原是中国画的一种技法术语，源于我国古代的白画，指用墨线勾勒物象，不着色敷彩。应用在科普创作上，就是不尚修饰，不加烘托，用朴实平易的笔墨，抓住描写对象的基本特征，寥寥几笔就勾勒出事物的状态、人物特征等。

（三）开头与结尾的技巧

文章的开头和结尾，是影响作品质量的关键部分，必须把两者紧密联系起来考虑，两者并重，不可忽视任何一方。

1. 开头的技巧

对于科普文章来说，好的开头犹如春风初展，往往能像磁铁般一下子抓住读者，使读者更乐意往下读；而沉闷、刻板和单调的开头，往往会使读者对整篇文章心生厌恶，弃之一旁，避而远之。好的开头得来并非易事，俗话说"万事开头难"，写作自然也不例外。高尔基说过："开头的第一句话是最困难的，好像在音乐里定调一样，全曲的音调都是它给予的，往往要费很长时间才能找到它。"开头之难，便难在"定调"上。开头不仅要统领全局，带动全篇文章情节的发展，还要与全文的布局、立意密切相连，为实现创作的整体构思服务。我们通常要求开头简洁明了，简要地直入主题，开门见山。我国古代的文学大师都十分注重文章的开头。例如，清朝的李渔在《闲情偶寄》中，强调"开卷之初，当以奇句夺目，使之一见而惊"。元朝的陶宗仪在《南村辍耕录》中，曾经把"乐府诗"的起句比喻为"凤头"，喻其"美丽"而动人，"凤头"便由此而来。

科普作品常见的开头方法包括以典故开头、以设问开头、以结论开头、以对比开头、描述性开头等。

第一，以典故开头。

---

① 徐家安. 理想的外衣//袁育才. 百年百篇经典科普. 武汉：长江文艺出版社，2004：151.

在《翡翠印象》一书中，作者出色地运用了这一技巧。作者开篇便把关于翡翠与云南的传说娓娓道来："从历史上来讲，翡翠与云南有着深厚的历史渊源。据《滇海虞衡志》中记载：'玉出南金沙江，江昔为腾越所属'，即翡翠的矿产地缅甸雾露河流域一带在明朝万历年间曾属云南永昌府管辖。后来由于缅甸洞吾王朝的兴起及英国殖民者的入侵，将勐拱大片的土地划入缅甸版图，翡翠遂成为缅甸的国宝。所以，历史上有'玉出云南'之说。"[①]作者以此典故，详细说明了翡翠的来源。

王燮山在科学小品《木楔正塔》中，开篇便写道："明朝人谢肇淛的笔记《五杂组》中有这样一则故事：'国朝姑苏虎丘寺塔倾侧，议欲正之，非万缗不可。一游僧见之，曰：'无烦也，我能正之。'每日独携木楔百余片，闭户而入，但闻丁丁声，不月余，塔正如初，觅其补绽痕迹，了不可得也。'"[②]以一个明朝的故事开篇，向读者展示了木楔正塔的现代原理。

第二，以设问开头。

贾祖璋在《花儿为什么这样红》一文中这样写道："花朵的红色是热情的色彩，它强烈、奔放、激动，令人精神振奋。花儿为什么这样红？首先有它的物质基础，不论是红花还是红叶，它们的细胞液里都含有葡萄糖变成的花青素。"[③]首先赞扬红色，紧接着便问"花儿为什么这样红？"，设置悬念，使读者情不自禁地往下读，以求得科学的解释。

《百科全书》杂志副主编张田勘在《生命存在的理由》一书中开篇便问："生命是什么？这个问题一直让人困惑不已，也争论不断。通过我们对自身生命和其他生命点点滴滴、日积月累的认识，生命的定义也在不断地修正。"[④]作者用一个引人沉思的设问句勾起读者的阅读兴趣，用细腻生动的笔触描写与人们息息相关却常常被忽视的生命现象，力求在讲述科学知识的时候给人以美的享受。

第三，以结论开头。

也许有读者会有疑问，既然先下了结论，文章又有何可读性呢？实则不然。我们应该认识到，开头不是孤立的，而是必须同全篇有机地结合起来。以结论开头，开头便预示着结局，使全篇浑然一体。结论性开头可以引起读者反问"何以得出这一结论？"不但使读者乐于读下去，而且让作者可以言之有据、言之有理，从而达到以理服人。

著名科学家严济慈教授在《我在你们的眼睛里确实是倒立的》中，开头便道

① 陈德锦. 翡翠印象. 昆明：云南科学技术出版社，2012：1.
② 王燮山. 木楔正塔//叶永烈. 中国科学小品选（1949—1976）. 天津：天津科学技术出版社，1985：218.
③ 贾祖璋. 贾祖璋科学小品菁华——花鸟鱼虫兽. 福州：福建科学技术出版社，2012：47-49.
④ 张田勘. 生命存在的理由. 北京：北京大学出版社，2011：1.

出了结论："我在你们的眼睛里确实是倒立的。同样，你们在我的眼睛里也是倒立的。这是不是说，我们都是两脚朝天、两手着地呢？当然不是。我们都是两脚着地的。那么，岂不整个天地在我们眼里都颠倒了吗？事实确是这样。"①这段结论性开头，不但没有使作品索然无味，反而让读者在读了这段开头之后，便心生疑惑："这是为什么呢？其原理又是什么？"读者带着这样的疑问，自然会津津乐道地看下去。

第四，以对比开头。

以对比开头就是通过对比引出文章的主题，引发读者产生一种寻根问底的阅读欲望。

一篇介绍电子计算机的科普文章开头就运用了对比手法。作者写道："大家知道，一秒钟是很短暂的。可是，电子计算机在这短短的一秒钟内却能完成十万次、一百万次甚至上百亿次的运算。"作者以对比开头，道出了电子计算机的巨大潜力和超乎寻常的运算能力。

第五，描述性开头。

吴保禄在《西陵行》中开篇便展现了一个动人的特写镜头、一幅优美的画面："万里长江，汇集了千流百川，穿过无数的高山深谷、丘陵平原，浩浩荡荡，向东奔流。越过四川盆地之后，长江犹如一把利斧，开山劈岭，横切巫山山脉，在万山丛中汹涌奔腾而下，形成沿江两岸峭壁陡崖、峰峦插天、壮丽险峻的景观，这就是闻名中外的长江三峡。"

诚然，上面所列举的几种开头方法远不能概括全部。每一篇科普文章都有自己独特的、别开生面的开头，文章的开头是各式各样的，不可拘泥于哪一种既定的模式。我们既要反对千篇一律的写法，又要反对矫揉造作的写法，而要以良好的态度努力地写好文章的开头。

2. 结尾的技巧

在科普创作中，结尾与文章的开头往往相照应，同样有着十分重要的作用，关系到文章结构的完整性。好的结尾往往可以起到强化和延伸主题思想的作用，往往有画龙点睛的作用，往往有言有尽而意无穷、文虽止而力不衰的强烈艺术魅力。而失败的结尾，只能起到相反的作用。结尾是文章成败的关键。有经验的作家总是十分重视结尾的处理。我国古代文学家对此有不少精辟独到的见解。陶宗仪把"乐府诗"的结尾比作"豹尾"，意为"雄健、有力"；明朝谢榛在《四溟诗话》说："结尾当如撞钟，清音有余。"清朝著名戏曲家李渔在《闲情偶寄》中说："终篇之际，当以媚语摄魂，使之执卷流连。"上述见解，对于科普创作无疑同样是适用的。

---

① 严济慈. 我在你们的眼睛里确实是倒立的//袁育才. 百年百篇经典科普. 武汉：长江文艺出版社，2004：57.

科普作品结尾要令人回味无穷，具体的技巧有总结性的结尾、启发性的含蓄结尾、引申性结尾、点题性结尾等。无论使用哪种结尾方式，都要求文字简洁，要精心推敲，不可草草了事。下面简略地介绍几种文章结尾的方法和技巧。

第一，总结性的结尾。

总结性的结尾就是进一步指出文章的主题。"由此推算地球上的人口极限是80亿，如超过80亿，吃饭就成了严重问题。所以，打开'昆虫粮仓'就是自然而然的事情了"，这就是典型的总结性结尾。

我们再来赏析著名科普作家高士其的科学诗《原子的火焰》的结尾。"这四种东西发出不同的声音，都告诉我们，它们就是'能'，它们就是动力的来源。"作者使用浅显生动的诗句表现出了一个极其深奥的概念——能。结尾处既深化了主题，又恰当地表明了作者的创作意图。

第二，启发性的含蓄结尾。

启发性的含蓄结尾就是促使读者的进一步深思。彭懿在科学童话《小黄莺请医生》一文中便是这样结尾的。作者用含蓄生动的语言赞美了大自然的大夫——啄木鸟，在感染读者的同时，也启发读者要爱护动物。

第三，引申性结尾。

贾祖璋在1934年创作了一部科学小品《萤火虫》，在结尾处便运用到了这一技巧。他写道："在电灯、煤气灯、霓虹灯交相辉映的上海，是没有机会遇到萤火虫的。故乡的萤火虫，更是一年，二年，几乎十年没见过了。最近家中来信说，三个月没有下雨，田里的稻都已枯死，桑树也都凋萎。那么，小小的池塘，当然已经干涸，稻田树林都已改换了景色，不知是否萤火虫也少了。我那辛苦劳动的邻舍们，在夜晚，还有心情纳凉，还能有一些笑声吗？"[1]文章以一个反问句结尾，凝练含蓄、耐人寻味，引起读者的进一步沉思。

第四，点题性结尾。

王梓坤教授在《人类是怎样揭开自然科学奥秘的》这篇广播科普作品的结尾处写道："历史上有许多主要的发现和发明，人们需要经历很长时间，才能充分理解它们的意义。时间是一面精细的筛子，它以人类实践织成的网格进行筛选，既不让有价值的成果夭折，又不容忍废物长存。"[2]这一点睛之笔，令人回味，有如撞钟般令人惊醒之作用。

3. 过渡的技巧

过渡，是指段与段之间的衔接，是使文章连贯、结构严谨的一种手段。过渡

① 贾祖璋. 萤火虫//袁育才. 百年百篇经典科普. 武汉：长江文艺出版社，2004：9.
② 王梓坤. 人类是怎样揭开自然科学奥秘的//刘国雄，蔡字征，王洪等. 广播科普佳作选. 北京：学术书刊出版社，1989：189.

大致分为三种情况。第一种是承上过渡，即在记叙或议论之后，用几句话对所记事物或议论的问题，进行归纳性小结。这是一种由分到合的写法。第二种是启下过渡，即在记叙或议论过后，不再进行承上归纳小结，而是直接用几句话启引下文。这是一种由合到分的写作。第三种是既承上又启下，即在记叙或议论之后，用一句话既对上文进行归纳，又对下文进行启引。这种过渡常用于段末句或段首句。

五、语言简练

（一）科普的文字语言

语言是文学的建构资料，在科普创作中的重要性不容小视。创作是否成功，很大程度上取决于能否精心地采择语言、锻造语言、驾驭语言，能否自由自在地把语言处理得像沙画家手里熟练摆动的沙子。倘若在运用语言上缺少功力和特色，要写出好的科普作品几乎是不可能的。写科普作品，要求语言群众化，高度简洁，形象、生动和诗意化。

要多采用群众化的语言。写科普作品时，要把深奥的科学术语的使用率降到最低，能够用简单的方式把科学道理讲清楚的，就绝不用复杂的方式。例如，向一般读者介绍地震时，如果一开始就罗列专业术语，如多波地震法、里氏震级之类，就有可能把读者拒之门外了。对于非专业读者来说，这些科技术语是非常陌生的。

要多采用简洁化的语言。即用概括性的用语表现比较丰富的生活内容和深刻的思想内涵，不重复累赘，意尽言止。这就要求叙事要简洁凝练，描写要抓住特征，议论要画龙点睛，抒情要含蓄内敛。

要多采用形象、生动的比喻。高士其在科学诗《我们的土壤妈妈》中，将土壤比喻为"地球的肺""地球工厂的女工""植物的助产士"等。这些形象化的语言，以及生动、贴切的比喻，大大帮助了读者理解作者所要表达的科学道理。

要多采用诗意化的语言。就是像锻造诗句一样锻造语言，使语言有诗一般的意境。这并不是简单地指对语言进行精心雕琢，用花哨的形容词掩饰空虚的美，而是指对诗意的追求，使作品具有诗的意境、诗的色调、诗的韵律，能让作品产生一种荡气回肠的力量。

（二）科普的广播语言

广播的声音，包括语言、音乐和音响效果，语言是广播的主要表达手段。熟练地、正确地掌握和运用这一手段，是广播工作者必须具备的基本功。

首先是口语化。广播稿语言要口语化，要念起来顺耳，明白流畅，使人一听就懂。

其次是简明性。广播稿一定要写得简洁明了，要用尽可能简练的语言表达最新、最重要、最动人、最富有特点的内容，在广播和听众之间架起一座桥，但不能一味简化。报道事件、讲解道理要开门见山、直截了当，忌转弯抹角、隐晦曲折等。

最后是形象性。即将广播新闻事件中那些听众看不到、摸不到的景象、事件和事理，用鲜明、逼真、具体和生动的语言，通过广播展现给听众，使他们如临其境、如见其人，获得真切的感受和深刻的理解。

（三）科普的影视语言

科普的影视语言，需要具有视觉的形象性、影像的运动性、造型的综合性、展现的艺术性。

（1）视觉的形象性。普多夫金对此曾论述道："小说家用文字描写来表述他的作品的基点，戏剧家所用的则是一些尚未加工的对话，而电影编剧在进行这一工作时，则要运用造型的形象思维……编剧必须经常记住这一事实：即他所写的每一句话将来都要以某种形式出现在银幕上。因此，他们所写的字句并不重要，重要的是他的这些描写必须能在外形上表现出来，成为造型的形象。"①

（2）影像的运动性。影视剧作均应保持在动态的过程中，尽量避免静止，应有画面内部的动态造型和画面外的动态造型，有影视形象的内在动态和外在动态。

（3）造型的综合性。综合性的表现手段是指在视像营构中，除文字以外，还应该使用雕塑、绘画、声乐、戏剧、建筑、灯光等表现方法。

（4）展现的艺术性。艺术性是指剧本语言在通过综合的、运动的形象表述每一部分、每个场面乃至每个镜头时，既要丰富又要简洁，既要起伏变幻又要自然流畅。

六、修改要勤

（一）修改的意义

首先，修改是写作的一个重要环节。我们所说的修改，大多是指狭义上的，指科普作品初稿完成后对作品内容的整体性、全局性修改，包括文字推敲、调整、润色等，这是写作过程中的最后环节。这种修改能让作者更好地站在读者的立场，对作品进行全面而深入的研究。从广义上看，修改应是贯穿于整个写作过程中的，

---

① 普多夫金. 论电影的编剧导演和演员. 何力译. 北京：中国电影出版社，1980：22-32.

如结构的调整、语言的锤炼等。这种局部性修改的作用也不可忽视。科学家的科学研究成果要反复验证核实后才能发表，科普作品同样要进行反复推敲、多次修改后才能出版。修改的目的就是使科普作品趋于完美。修改是对作品的深加工，是写作的一般规律。

其次，修改是尊重读者、对读者负责的表现。作品是供读者阅读欣赏的，是用来影响和教育读者的。作为一个富有责任心的作家，从对读者负责的角度讲，应当对作品不断地加以修改。作者呈现给读者的不应是粗制滥造的科普作品，而应是具有科学性的科普作品。修改作品要处处为读者着想，要接受读者的检验。在修改时，秉承对读者负责的精神，应考虑作品的内容是否精准，作品的表现形式是否恰当，作品是否易于被读者接受。

再次，修改是使认识不断深入、表达趋于完美的过程。由于创作事物的复杂性和多变性，人的认识受到主观、客观因素的制约，在写作过程中不可能一蹴而就，不可能完整而准确地反映出事物的本质，必须经过反复研究、深思熟虑后，才能由表及里地把握事物的特征。修改是作者基于对作品、作者自身和读者多方面的全新认识，运用批判性思维对内容、文体、语言等重新认识、重新创造的过程。作品的修改过程实质上是作者的认识不断深化和作品不断完善的过程。

最后，修改可以提高科普作品的质量。文章修改是提高文章质量的重要环节，从酝酿、起草到最后定稿，几乎每个环节都要经过作者反复推敲才能完成。"百炼成字，千炼成句"，好文章是经过千锤百炼获得的。修改不仅可以产生文学佳作，而且可以使科普作品的思想不断升华，使科普作品的表达形式更趋于完美。

（二）修改的过程

一般情况下，修改文章可以按照以下三个步骤进行。

首先，调整结构，补充或压缩内容，进一步深化主题。对于长篇作品，结构的调整是不可避免的。即使在构思阶段已拟好详细的写作提纲，在具体的写作过程中，还是会发生变动，而且只有在作品的初稿完成后，才有条件综观全貌。这时才能了解结构安排是否合理、条理是否清晰、逻辑是否严密、重点是否明确等，才能检查出不必要的重复和前后矛盾等问题，并对作品进行必要的调整。在增补新的资料时，要选好插入点，同时要考虑前后文的连贯性，应删除失实的资料。

其次，进一步核实资料。核实资料是修改过程中不可缺少的重要步骤。科普作品中引用资料的错误，很大程度上是作者没有细心去核实。作者不仅要对主体资料进行审查，对辅助资料也要进行审查。审核资料可以从旧资料的更新、历史资料的订正和数字单位上的差错三个方面进行考虑。

最后，文字上的加工润色。这是定稿的最后工序，也是一项非常重要的工作。文不厌改，科普作品一遍成稿的做法是不值得提倡的。科普作品讲求科学性，语言文字更需字斟句酌，既要摆脱科学术语的生硬，又要准确表达科学内容；既忌文字晦涩，又不可借文卖才，华而不实。在创作过程中要认真推敲，修改时需要站在全篇的大局角度，尽量把作品修改得成熟，才能作为定稿送出。

（三）修改的方法

修改可以边读边改，亦可征求他人的意见。具体修改时，可以根据自己的习惯及作品写作的具体情况进行选定。

（1）边读边改。叶圣陶曾说："声入心通。"读可以发现问题，是修改文章的好方法。一边朗读，一边思考，遇到语意不畅、气势不接的地方，加以改正。经过几次反复，文章自然会畅达上口。

（2）征求他人的意见。"当局者迷，旁观者清"，他人比自己更容易发现文章中的不足和错误，所以文章写好后，应虚心听取他人的意见，然后斟酌修改。特别是要听取专家的意见，章道义也说："专家审查的作用是为了保证科普作品的科学性……专家们的审查不仅可以指出作品中科学内容的错误，而且还可以提供更新的材料以丰富作品的内容。"[①]在征求他人意见的同时，要处理好他人的意见与自己的意见之间的关系，既要虚心求教，重视他人的意见，又要有自己的思考。切记：不可盲从与依赖他人的意见。

修改作品的方法有很多种，孰优孰劣难以界定。当然，无论采用哪种方法，我们最终都是为了将作品修改得更好。

---

① 章道义，陶世龙，郭正谊. 科普创作概论. 北京：北京大学出版社，1983：76.

第五章 科普作品欣赏理论

第一节 科普作品欣赏的基本内涵

当今世界，科学技术的发展日新月异，每个人都需要科普，每个人也都在通过各种形式接受科普。随着人们生活方式的转变，科普作品也旧貌换新颜，发生了极大的变化。因此，我们有必要思考诸如何谓科普作品、科普作品欣赏的方法和途径等一系列问题。

一、科普作品

"科普"是国内科技传播和普及领域的一个最基础的概念，其全称是"科学技术普及"，我们将之简称为"科普"或"科学普及"。对于什么是科普，一些学者给出了不同的定义。

《科普学》是学者周梦璞、松鹰创作的一本有关科普学的专著，其中对我国学者提出的有代表性的"科学普及"定义进行了梳理。章道义等较早尝试对科学普及进行定义，1983 年出版的《科普创作概论》一书将科学普及定义为："把人类已经掌握的科学技术知识和技能以及先进的科学思想和科学方法，通过各种方式和途径，广泛地传播到社会的有关方面，为广大的人民群众所了解，用以提高学识，增长才干，促进社会主义的物质文明和精神文明。"[①]

郭治在《科技传播学引论》一书中从传播学的角度对科普概念做出了界定："从传播学的角度来看，科普工作是一种促进科技传播的行为，它的受众是广大的公众，它的传播内容有三个层次，包括科学知识和实用技术、科学方法和过程、科学思想和观念。科普工作要通过大众传播、组织传播和人际传播，引起科普对象（受众）头脑中的内向传播，从而达到提高公众科学素养的效果。"[②]

袁清林在《科普学概论》中提出："科普是在一定背景下，以促进公众智力开发和素质提高为使命，利用专门的普及载体和灵活多样的宣传、教育、服务形式，面向社会，面向公众，适时适需地传播科学精神、科学知识、科学思想和科学方

---

① 章道义，陶世龙，郭正谊. 科普创作概论. 北京：北京大学出版社，1983.
② 郭治. 科技传播学引论. 天津：天津科技翻译出版公司，1996：2.

法，实现科学的广泛扩散、转移和形态转化，从而取得预想的社会、经济、教育和科学文化效果的社会化的科学传播活动。"① 显然，他将科学普及理解为科学传播活动。

《科学技术普及概论》一书曾对国内出现的有代表性的"科学普及"定义做出了区分。例如，从法律的角度出发，根据《中华人民共和国科学技术普及法》，将"科学普及"定义为：国家和社会采取易于公众理解、接受、参与的方式，普及科学技术知识、倡导科学方法、传播科学思想、弘扬科学精神的活动；从传播学的角度出发，将"科学普及"界定为提高公众科学素质的科技传播活动；从系统的角度出发，将"科学普及"界定为利用多种手段和途径提高公众科学素质的系统过程。②

基于以上对科学普及的理解，在《科技传播与普及教程》中，任福君、翟杰全提出，"科学普及"的基本内容包括科学知识、科学方法、科学思想、科学精神，面向的基本对象是社会公众，目标是利用公众易于理解、接受和参与的方式，提高公众的科学文化素质。③ 笔者认为这是迄今我国学者对"科学普及"做出的较为全面的一种概括。

二、科普作品欣赏

伴随科学技术的迅速发展与人们生活方式的变化，科普作品也发生了一系列的变化。

一是科普作品的文学化。在我们以前的理解中，科普就是用通俗易懂的文字去解释某个科学问题，让广大民众也能看得懂。过去由于信息比较闭塞，人们内心充满了对新知识的渴望，因而在面对新鲜的科学名词的时候，即使是文字晦涩难懂，也愿意去费力地钻研和思考。现在竞争激烈，人们所获取的信息增多，很少有人愿意花时间去钻研那些看上去与自己生活毫无关联的科学问题。这样一来，科普作品仅仅做到让人看得懂是远远不够的，还必须做到让人愿意看。因此现在的科普作品一般会将科学融入文学之中，利用文学的语言，将科普写得活泼有趣味，使人们在阅读时不仅能学到科学知识，还能受到文学的陶冶，既满足了人们休闲的需求，又提高了大家的科学水平和文学素养。

二是科普作品内容的多元化。原来的科普作品主要侧重传播知识，也就是侧重对知识进行科普，此后，人们意识到科学知识固然重要，但科学观念、科学方

---

① 袁清林. 科普学概论. 北京：中国科学技术出版社，2002：5.
② 本书编写组. 科学技术普及概论. 北京：科学普及出版社，2002：45-46.
③ 任福君，翟杰全. 科技传播与普及教程. 北京：中国科学技术出版社，2012：11.

法、科学思维和科学精神更加重要，因此，现在的科普作品并非仅仅局限于向受众灌输知识，而是更加强调科普内容的综合性和多样化。从知识到观念，从方法到精神，从历史到社会，从自然到人文，让读者得到多层次、全方位的科学教育和熏陶。现代科普作品具有更多的层次，也有更深层次的内涵。

三是科普作品形式的多样化。随着现代科技的发展，信息的传播方式日渐多元化，科普作品的形式也日渐多样化。科普作品的最初形式是单一的文字传播，此后伴随着人们日渐增强的审美和休闲需求，科普作品中加入了大量的图画，图文并茂。电视、电影、网络等多种媒体进入人们的生活之后，科普作品的形式更加丰富多样，如今有多种多样的科普书籍、科普动画、科普电影、科普戏剧等。

现今科普作品的表述方式越来越文学化，传递载体也越来越多样化，其内涵也在日渐加深，这无疑都表明当今的科普作品不再单一地只作为传播科学知识的载体，其精神性内涵和审美情趣都在日渐增加。科普作品不再单纯负载科学性，同时负载审美性。因此，我们也不再只是单纯地将科普作品当作科学教科书式的获取知识的媒介，科普作品日渐成为值得我们欣赏的对象。

欣赏指的是领略、赏玩；欣，也作"忻"，喜悦的意思。最早出自陶渊明的《移居》："奇文共欣赏，疑义相与析。"意指作品首先要引起阅读者喜悦、赏识的情感，然后才有进一步地对有疑义的地方进行剖析的兴趣。这两句诗后来形成了一个成语：赏奇析疑。[1]简单地来讲，欣赏具有两层意思：其一享受美好的事物，领略其中的趣味；其二认为好、喜欢。

"文学欣赏是指对文学作品的吟咏、体味，是读者对文学作品进行想象、联想和艺术再创造的一种精神活动。"[2]"艺术欣赏是指人们在关照艺术作品时所产生的一种感发、想象、激动、理解、感悟和评价的精神享受活动。这种精神享受是人之为人不可或缺的文化活动之一。只有经过艺术欣赏活动这一环节，艺术作品的生命才真正诞生，艺术家创作的价值才能得到实现和肯定。而欣赏者的发现还可以唤醒多少年以前的艺术家、艺术品，复活艺术的精魂，让人们感受到人类精神的永恒。"[3]

从人们对文学欣赏和艺术欣赏所下的定义，我们可以清楚地认识到"欣赏"的要义，即欣赏本质上是一种审美的再创造。既然我们将现今体裁多样、形式繁多的科普作品当作欣赏的对象，那么科普作品欣赏活动也无外乎同文学欣赏和艺术欣赏一样，是一种精神享受活动，是一种审美再创造的活动。

科普作品欣赏是科普作品的受众在接受科普作品时的一种审美认识活动。在

---

① 朱自清. 论雅俗共赏. 桂林：广西师范大学出版社，2004：1.
② 魏天无. 文学欣赏与文本解读. 武汉：华中师范大学出版社，2011：1.
③ 康尔. 艺术原理通论. 南京：南京大学出版社，2010：215.

科普欣赏的过程中，受众通过多种媒介形式，获得对科普作品中塑造的形象的具体感受和体验，引起思想情感上的强烈反应，得到审美的享受，从而领略科普作品中所包含的思想内容。

科普作品欣赏首先是一种科学信息接收活动。我们应当注意到，科普作品是一种很特殊的作品，同所有的艺术创作一样，它确实具备审美性。科普作家（画家、影视艺术家等）在科学原理与事实的基础上进行艺术创作，使得科学发明与发展这种已然存在的客观事实形象化，变成人们喜闻乐见和雅俗共赏的作品。但特别之处在于，它有其科学基础，具有科学的原理与事实的准确性、逻辑性和严密性。科普作品创作的基础就是这些科学内容，创作目的也正是通过作品来传播和普及科学知识、科学方法、科学思想和科学精神。受众欣赏科普作品的过程，首先必然是对这些信息的接受过程。

所以，科普作品欣赏既是一种审美认识活动，又是一种科学信息接收活动。

对科普作品进行欣赏，一方面，要对其中蕴含的科学信息进行准确无误的解读和接受；另一方面，要对其中的艺术之美进行感受和领悟。基于这一点，我们将科普作品的欣赏分为科学欣赏和艺术欣赏。这两者的主体一致，都是科普作品的受众，即科学技术传播普及活动的对象；不同的是，这两者是针对科普作品中不同的内容进行欣赏，欣赏目的和欣赏方式不尽相同。

三、科普作品欣赏的主体

科普作品欣赏的主体，也就是科学传播与普及活动的对象——社会公众。

英国皇家学会 1985 年发布的《公众理解科学》报告，将公众群体区分为追求个人满足与幸福的私人个体、作为民主社会成员履行公民职责的个体公民、从事技术及半技术职业的人群、从事中层管理工作和专职性工作及商务互动的人士、在社会中负责制定政策或做出决策的人员五个群体。[①]我国 2006 年实施的《全民科学素质行动计划纲要（2006—2010—2020 年）》选择了未成年人、农民、城镇劳动人口、领导干部和公务员四个重点人群，提出了有针对性的科学素质行动任务的措施。

与早期不同，现代科学传播与普及已经不再将所有公众都视为对科学缺乏了解的外行，也不再将公众群体视为整齐均一的同质群体，而是认为公众群体是异质多样、可以分层的。科学传播与普及领域的"公众分层理论"将公众群体区分为热心公众、感兴趣公众、一般公众，这一理论认为科学技术政策形成过程中涉及五个群体：决策者、政策领导者、热心公众、感兴趣公众、一般公众。

正如同公众群体中有人热心于谈论政治，有人热心于谈论体育一样，公众群

---

① 英国皇家学会. 公众理解科学. 唐英英译. 北京：北京理工大学出版社，2004：3.

体中同样也有人热心于谈论科学技术。对科学技术政策中某个问题的兴趣较浓，并感到对该问题非常了解，这样的公民被称为该问题的热心公众。每个科学技术问题都会有其热心公众和感兴趣公众，他们在此问题上通常比其他人了解更多的知识和信息。

第二节　科普作品的科学欣赏

当我们在欣赏科普作品时，常常首先关注的就是这部科普作品到底为我们讲述了什么样的科学知识、科学方法、科学思想和科学精神。我们欣赏科普作品时，对其中的科学信息的这种思维和提炼的过程，与艺术欣赏显然是不同的。艺术欣赏首先需要的是主观想象，而对科普作品中科学信息的提取，首先需要的必然是客观思维。再者，艺术欣赏的结论是见仁见智、不确定的，但是科学信息的提取必然是有标准答案的。对科学信息的提取，在科普作品的欣赏中是最关键而又无法回避的一环，所以我们将其与对科普作品的艺术欣赏区分开来，称之为科普作品的科学欣赏。总之，艺术欣赏，是从人文层面对科普作品的把握；科学欣赏，则是从知识和能力层面对科普作品的把握，

我们可以将科普作品的科学欣赏框定为一种科学传播与普及的接受活动，即通过阅读或观看科普作品，从中获取科普作品中的科学知识和科学方法，并对作品中所包含的科学思想和科学精神达到领会的过程。本节将从科普作品科学欣赏的主要内容及科学欣赏的要求和方法对其进行介绍。

一、科普作品科学欣赏的基本内容

科学技术普及的基本内容，亦即科普作品的基本内容，主要分为科学知识、科学方法、科学思想、科学精神四个部分。对于这四个部分的内容到底具体指何物，任福君、翟杰全在《科技传播与普及教程》中进行了详细的说明。

（一）科学知识

科学知识指的是科学技术领域的各种知识、理论和信息等。在科学领域，知识有不同的表现和表达形式，分为科学数据、科学事实、科学概念、科学定理、科学理论及已获得某种承认的科学假说等。技术领域内的知识则分为技术原理知识、技术操作知识、技术标准知识等不同形态。[①]

科普创作者的任务是从海量知识中选择与公众生活和工作关系密切、能促进公众更好地理解科学技术的相关内容，帮助公众学习和掌握必要的科学技术知识，

满足工作和生活的需要。

（二）科学方法

科普作品欣赏的第二部分内容是科学方法，科学方法对科学技术知识的发现和获得有引导、规范的作用。公众了解、认识、理解和掌握科学方法，有助于他们更好地理解知识是怎么来的，从而更好地理解科学本身。

因为科学的纵深发展，科学方法越来越重要。现今，与科学技术相配套产生了一个方法体系。举例说明，在自然科学研究领域，既有数学方法、实验方法、系统论方法、模型方法等比较常用的方法，也有一些适用于某种特定学科领域的专门方法。

著名科普作家卡尔·萨根就曾说过，如果我们不向公众说明科学严格的研究方法，人们又怎么能够分辨出什么是科学、什么是伪科学？[①]公众只有对科学技术方法有了某种程度的掌握，才能够对科学技术有所理解。我们对公众进行的科学技术普及旨在帮助他们了解科技方法的基本特征，使得他们能够在日常生活和工作中自觉地运用科学技术方法来思考问题，辨别和区分科学与非科学。

（三）科学思想

科学思想是科学技术系统内具有思想性内容的构成要素，是蕴藏于知识和方法背后的关于研究对象的总体性看法与相应的思想观念。科学思想通常有两种存在状态：一是还没有总结提炼和清晰表达的隐性状态，是科学家在科学研究中实际应用并得到清晰化的思想观念；二是经由科学家本人或他人加以提炼并予以清晰表达的显性状态。[②]通常，科学思想中有些只是针对某一类对象（如量子力学思想）进行解释，有些则可能适合用于解释某一大类对象（如物理学思想）。

科学思想是对研究对象的总体性看法，它的产生是以科学认识和科学实践为基础的。我们通过对科学理论、知识和方法的概括提炼产生科学思想，而一旦提炼出相应的科学思想，从科普角度来看，其与科学知识和理论相比更易于传播。为什么科学思想更容易传播，更容易为公众所理解？这是因为在传播和表达科学思想时，我们不需要更多的专业语言。举个简单的例子，公众可能不容易明白"黑洞理论"，但比较容易了解其中包含的思想。

当今时代，科学技术无比快速地发展，这导致全面了解、掌握科学技术领域的各种知识和理论对普通公众来说几乎是不可能的，因此，公众只能对科学技术内容有所把握，而无法拥有太多的具体科学知识。当然，对普通公众而言，科学

---

① 任福君，翟杰全. 科技传播与普及教程. 北京：中国科学技术出版社，2012：30.
② 任福君，翟杰全. 科技传播与普及教程. 北京：中国科学技术出版社，2012：31.

思想是由概括具体科学知识而来的，因此掌握和理解科学思想更有利于帮助其提高科学素养。

（四）科学精神

默顿归纳的现代的科学精神气质包括四个方面：普遍性、公有性、无私利性和有条理的怀疑精神。

更多研究科学精神的学者是在更开阔的视野中进行的，他们所提出的科学精神不仅用于指导和约束科学家的科学实践，还是每个社会成员都应该遵守的。例如，有学者将科学精神概括为探索求真的理性精神、实验取证的求实精神、开拓创新的进取精神、执着敬业的献身精神等；也有学者认为科学精神是实事求是、探索求真、崇尚真理、勇于创新、反对迷信、反对盲从、解放思想、追求真理、与时俱进等。[①]

二、科普作品科学欣赏的要求和方法

（一）培养科学探索的好奇心，提高对科学信息的注意力

我们在对科普作品进行艺术欣赏时，需要敏锐地调动自己的感觉、知觉进入艺术的世界，将审美注意力集中到欣赏对象上。而在我们对科普作品进行科学欣赏时，则需要将注意力集中到作品的科学内容上。有人可能会指出，人们欣赏科普作品不就是为了获得科学知识吗？怎么可能会忽略其中的科学内容呢？

在科普作品越来越文学化、艺术性的今天，科普作品所承载的已经不仅仅只有科学普及的价值，更具有了审美的价值。朴素地说，人们读它，可能是为了求知，也可能仅仅是为了娱乐。我们在阅读科普作品时似乎有这样的倾向，注意力往往不自觉地会滑向艺术欣赏，仅仅只是关注了科普作品带给我们的趣味性和审美愉悦，而忽略了对科学内容的关注。

在这里，举一个大家都非常熟悉的例子。我国的第一部水墨动画片《小蝌蚪找妈妈》可以说是所有"80后"童年的集体记忆。说到这部动画，"80后"都可能会想起小蝌蚪楚楚可怜地见到谁都叫"妈妈，妈妈，好妈妈"，也都记得小蝌蚪历经艰辛终于找到了它的妈妈青蛙。但是，大多数人都没有意识到这是一部科普动画，没有意识到其中揭示的科学道理：动物的类型是有所不同的，不是所有物种都和人类的发育过程一样，仅仅是体形的变化，像青蛙这一类动物在发育过程中的整体形态也会发生变化。

为什么大多数人没有意识到这部动画作品中的科学寓意呢？这是因为他们对

---

① 任福君，翟杰全. 科技传播与普及教程. 北京：中国科学技术出版社，2012：32.

科学技术知识不感兴趣，缺乏科学探索的好奇心。对科普作品进行科学欣赏，即对其中的科学信息进行提取，虽然与艺术欣赏有着很大的不同，但这本身依然是一种双向性的活动，需要欣赏者的主观努力，而欣赏者需要做到的就是，培养科学探索的好奇心，多积累科学知识，这样才能在欣赏新的科普作品时获得知识的累加。

（二）有条理地提取科学信息，通过思维重组把握说明对象及特征

"整个科普创作的过程，实际上也就是专门知识通俗化的过程。"[1]这句话指出了科普创作的实质。科普作品的创作者一般采用各种方法使科普作品通俗化，用文艺形式创作，使之生动有趣，引人入胜；将其与人们的实际生活场景联系起来，使其通俗易懂。

提取科普作品中的科学信息常用两种方法。一是组合重点部分。有些科普作品中的科学信息相对集中，只要将相关的部分加以组合就可以了。二是分散截取信息。有一些科普作品，科学信息犹如满天繁星点缀其中，这就需要分散截取信息，在截取信息时忽略穿插的故事，忽略形象的描述，忽略生动的阐释、创作者的感受和设想。提取到文中呈现的所有科学信息后，再依据作品整体的思路和线索，在大脑中对这些信息进行重新排列整合，以全面把握说明对象及其特征。

第三节　科普作品的艺术欣赏

现今，科普作品的表现形式多种多样，有科普书籍、科普杂志、科普动画、科普电影、科普戏剧等。我们对其的艺术欣赏，不能单一地从任何一种类型的角度进行，而要从艺术作品这一宏观角度出发。在长期的艺术欣赏实践中，还是形成了不少共性的、基础性的方法和要求。这些方法和要求在我们对科普作品进行欣赏时也是适用的。但对科普作品进行艺术欣赏，有一些特殊的要求和具体的方法。在本节中，我们将从两个方面阐述对科普作品的艺术欣赏。

一、艺术欣赏的要求和方法

（一）注意在实践中提升审美能力

审美能力是个人所具有的与进行审美活动相关的主观条件和心理能力。[2]

人们的审美感受以视、听为主，而每个人在视、听方面的感受能力不尽相同。

① 章道义，陶世龙，郭正谊. 科普创作概论. 北京：北京大学出版社，1983：38.
② 时芹. 艺术欣赏. 北京：北京师范大学出版社，2012：7.

从先天条件来说，一个先天失聪的人很难拥有音乐感受力，而一个先天失明的人当然也是很难拥有绘画感受力的。人们先天的视觉、听觉器官的敏锐程度直接影响了人们对音乐和绘画的敏感程度。从后天条件来看，每个人的社会背景和生活环境不同，在成长的过程中对感官有着不同的培养锻炼经历，这些外部条件也使得个人具有程度不同的审美能力。个人视听能力的形成和发展，首先当然与每个人先天的生理和心理特征相关，但更是个人在成长过程中受到的培养和教育的结果，从本质上来看，其是漫长人类历史发展的产物。

在审美实践活动中，我们的审美能力得以不断地提高，因而我们不能将这种能力看成固定不变的，正确的态度应该是把它看成能够在审美活动中逐渐提高和丰富的。这也告诉人们，如果想要提高自身的审美能力，就应当广泛而经常地关注艺术类的事物，通过进行艺术实践（主要包括自己进行创作和对别人的艺术成果进行观摩）和学习艺术理论，提高自身的艺术鉴赏能力。总的来说，我们只有不断拓宽知识面，才能不断增强审美能力。

（二）注意联系现实和艺术，把握艺术审美特性

作为精神作品的艺术，要想把握其审美特性，应当注意以下三个方面。

1. 艺术是复杂而特殊的审美反应和审美心理过程

人类面对的客观世界是纷繁复杂的，因而人们对客观世界的把握方式也是多种多样的，艺术便是人类把握客观世界的一种特殊方式。"艺术是人对现实的审美关系的产物。"[1]一般而言，艺术必然是现实的反映，但我们应当注意到，从现实过渡到艺术，是一个极其复杂而特殊的审美反应和审美心理过程。

艺术就是审美意识的物化形态，这种意识既不是科学意识，也不是道德意识，而是审美意识，以情感为核心。

2. 美的创造是审美精神活动与物质实践活动的统一

美的创造过程既是一种审美的精神活动过程，又是一种物质实践活动的过程。它并不是单纯的精神领域的审美感受活动，而是与体现着意志目的的实践活动相统一的创造活动。所以，美的创造和审美感受的想象创造和一般的实践活动不同，其主要是在审美经验的基础上进行的，且常常受情感规律的支配。[2]

3. 美的创造是人的本质力量客观展开的过程

同人类其他创造活动相同，从根本上来说，对美的创造是"人的本质力量对象化"，即"人的本质力量客观展开的过程"。美的创造活动中凝结着人的智慧和

---

① 时芹. 艺术欣赏. 北京：北京师范大学出版社，2012：7.
② 时芹. 艺术欣赏. 北京：北京师范大学出版社，2012：8.

情感，体现着人的想象力、意志力及实践能力。

（三）把握艺术家的创作个性和时代特点

在艺术领域，最忌讳的事情是雷同，通常越是杰出的艺术家，其作品的独创性也就越强。个性不同的艺术家，在创作艺术作品的时候，会融入自身独特的风格。因而，在欣赏艺术的过程中，欣赏者如果希望深入了解艺术作品，必须把握作品的独特创作个性。

对于一些杰出作品的欣赏，除了要了解作者的个性之外，还需要知道其时代特征。欣赏这些作品，唯有将其放在特定的历史环境中去考察，才可能发现其精妙绝伦之处。

二、科普作品艺术欣赏的要求和方法

（一）注意培养审美想象力

对于任何艺术作品的欣赏，审美能力的培养都是必需的，其中包括审美注意力的培养、审美感受力的培养、审美想象力的培养等。对于科普作品，审美想象力的培养同样是最为关键的。想象是人最引以为傲的心理能力，人与其他动物比较，无论是跑、跳、飞还是游，并不占优势，而想象可以使人类"寂然凝虑，思接千载；悄焉动容，视通万里；吟咏之间，吐纳珠玉之声；眉睫之前，卷舒风云之色"（刘勰《文心雕龙·神思篇》）。想象比大海还要广阔，比天空还要高远。

科普作品是在科学基础上进行的艺术创作，目的是普及和传播科学技术内容。很多科学技术知识往往既晦涩难懂又枯燥，因而，科普创作者在创作中总是想尽办法将之形象化、通俗化，科普作品中总是包含科普创作者大量的联想和思索。

想象就是各种记忆表象的自由组合运动和构造形象的心理能力。记忆表象包括各种直接的生活知觉表象、直接的经验记忆表象和间接学习积淀的文化符号表象。根据表象组合与构造形式的不同，想象一般分为联想、再造想象、创造想象和幻想。联想是指在人的大脑中由一物到另一物的表象转换，是想象的初级形式。根据表象转换的形式还可以分为接近联想、相似联想、对比联想、因果联想等。想象则是很多表象的自由运动组合与再构造，其中再造想象也称再现想象，就是在脑海中再现出并不在眼前的生活情景；创造想象是构想出现实生活中没有的情景；幻想是指向未来的构想。对于科普作品的艺术欣赏活动更多的是运用再现想象。

可能有人会问，为什么运用最多的是再现想象呢？科学场景怎么可能在我们的生活中再现，明明就需要创造想象更多嘛！其实并非如此。我们在科普作品的欣赏中运用最多的是再现想象，这是与科普作品的特点直接相关的。科普作品创作的目的是科学技术的传播和普及，如果在科普作品中运用科学的语言再现科学的场景，普通受众是无法理解的，创作者往往运用将其生活化的手段使其通俗明了、易于理解。在欣赏科普作品时，欣赏主体能否做到联想无穷、浮想联翩，关键在于平时所积累的各种生活与艺术的记忆表象是否丰富广博。

（二）从科普作品的逻辑层次出发对其进行艺术欣赏

科普作品的形式多种多样，我们无须从其艺术类别一一进行分类赏析，因为只要是艺术作品必然都有相同的层次逻辑。艺术作品层次逻辑由表及里、由浅入深，依次可以分为艺术语言层、艺术形象层和艺术意蕴层三个彼此勾连、相互作用的部分。我们在欣赏科普作品时可以从这三个部分入手。

1. 科普作品的艺术语言层欣赏

对于任何作品的欣赏都必须从"言"——艺术语言这一表层结构开始。什么是艺术语言？学者康尔在《艺术原理通论》是这样论述的："所谓艺术语言，可以从狭义和广义两个方面来理解。广义的艺术语言，一般是指艺术样式总是由一定的物质媒介所构成的。比如，文学是以语言文字为媒介的，音乐是以音响节律为媒介的，绘画是以色彩线条为媒介的，如此等等。狭义的艺术语言，则是一件具体艺术作品的特定媒介构成形态。从某种意义上说，无论是广义还是狭义，艺术语言都是对日常生活中使用的语言媒介的一种比喻性借用。但就艺术作品的内在逻辑而言，这两种概括是有本质区别的。广义上的艺术语言，仅仅是各种可以构成艺术品的原材料而已。而狭义的艺术语言，关注点则在于：作为一件艺术作品的媒介层，它是以何种形态呈现出来的。"①

通过对艺术语言的了解，我们可以做如下的分析，即使完全相同的一段文字、完全相同的色彩颜料、完全相同的音响节律，如果以不同的方式进行组合，那么它有可能成为艺术作品，也可能不是艺术作品；可能成为单件艺术作品，也可能会是几件不同的艺术作品，由此所带来的其中蕴含的艺术内涵必然会相应地发生变化。因此，我们在对科普作品的语言层进行欣赏时，应当对具体的科普作品的特定媒介构成形态进行赏析。例如，我们在对科普文学进行欣赏时，应当从文字特点、篇章结构出发；对科普电影进行欣赏时，应当从影像运用、声音组合出发；对科普动画进行欣赏时，则应当从构图风格、色彩运用出发。

2. 科普作品的艺术形象层欣赏

艺术的重要特征还有其形象性。正如普列汉诺夫所言，艺术对人类情感、思想的表现，不是一种抽象的表现，"而是用生动的形象来表现。艺术的最主要的特

① 康尔. 艺术原理通论. 南京：南京大学出版社，2010.

点就在于此"^①。艺术形象重要，是因为当我们把握一件艺术作品时，它是一种最直接的路径。"艺术形象一般是指创作者在艺术作品中所创造出的能够引发欣赏者思想、感情活动的具体可感的生活图景或艺术画面。"^②

我们在对科普作品中的艺术形象层进行欣赏时必须要注意以下两点。

（1）对于科普作品中不同艺术语言所创造出来的艺术形象，应从不同的方面加以把握。从艺术语言上看，可以大致将艺术形象分为视觉形象、听觉形象、文学形象、综合形象等不同的形态。不同的艺术形象具有不同的特点，也需要我们从不同的方面进行把握。例如，科普文学中所塑造的文学形象是一种直接依靠语言作为媒介所创造出来的艺术形象，最大的特点就是需要通过人的想象机制来把握；科普影视作品中所塑造的不是单纯的视觉形象、听觉形象或文学形象，而是包含两种或两种以上的综合形象。我们应从多个方面加以把握。

（2）任何艺术形象都是个性与共性、主观与客观的统一，我们在欣赏科普作品的艺术形象时，必须时刻关注作者凝聚其中的社会情感和态度。任何艺术形象的成功塑造都包含两个方面的因素：一是区别于他者的唯一性，也就是鲜明生动而又别具特色的个性；二是社会生活中带有必然性的本质规律或普遍价值，也就是从个别形象中提炼出来的共性特征。中国古典小说中的许多典型艺术形象都具有鲜明的个性和更深远的共性。而从主观、客观相统一的角度来看，任何艺术形象既是具体可感的，又是体现特定情感态度的。例如，著名科普动画《海尔兄弟》中，海尔哥的形象就具有代表性，他知识渊博、聪明勇敢，又敢于探索，通过开动脑筋、运用知识使得大家一次次化险为夷。虽然海尔哥在片中的形象是仅穿着小裤衩的可爱男孩，但作者将其刻画成了知识和智慧的化身，希望在此形象的带动下，广大的小观众能够萌发学习科学知识的巨大热情。

3. 科普作品的艺术意蕴层欣赏

意蕴层是艺术作品的内核，一件艺术作品的水准在很大程度上取决于其意蕴层。艺术意蕴层，可以理解为通过艺术语言、艺术形象传达出来的艺术作品的深层内涵。^③任何作品的意蕴层都是最难把握的层次，科普作品也不例外。

首先我们对意蕴层的基本特征要有所了解，学者康尔在《艺术原理通论》中对此也有较为详细的论述。其一，可感性，艺术作品的意蕴，一定是通过具体的艺术语言、艺术形象传达出来的。换句话说，只有面对具体可感的艺术作品，我们才能把握它。其二，深邃性，作为一件艺术作品"内在的生气、灵感、灵魂、风骨和精神"的意蕴，一定是最能反映作品深层内涵的东西。其三，生成性，任

---

① 普列汉诺夫. 普列汉诺夫美学论文集. 曹葆华译. 北京：人民出版社，1983：308.
② 康尔. 艺术原理通论. 南京：南京大学出版社，2010：188.
③ 康尔. 艺术原理通论. 南京：南京大学出版社，2010：190.

何艺术作品的意蕴，都不是一成不变的，总会伴随着时代生活的变迁和审美对象的变化而不断丰富自身。其四，多义性，正因为一件艺术作品的意蕴层具有以上诸多特征，必然会带来意蕴本身的多义和朦胧，这正是艺术作品的魅力所在。

可以说，一部经典作品能成为经典，往往正是因为其有深刻丰富的意蕴。科普作品中也不乏这样意蕴丰富的经典之作，《帝企鹅日记》就是代表。

《帝企鹅日记》是法国导演吕克·雅克用 12 年进行筹备并用 13 个月拍摄完成的素材影像超过 120 个小时的纪录片。影片从动物自身角度讲述生活在南极大陆上的帝企鹅的生存和繁衍的故事，展现了几千年来荒无人烟的南极大陆内部一群动物震撼人心的勇气、抗争和爱情。

《帝企鹅日记》实在是有着太深的意蕴。从浅层次来讲，我们可能会感动于帝企鹅配偶之间的爱情，以及它们对下一代的亲情，或是感慨于动物帝企鹅生存之艰辛和对责任的坚守。从深层次来讲，这部影片向人类揭示出大自然的神圣和伟大，在人如何与自然、与其他生灵相处方面，给所有人上了生动的一课。

（三）注意把握科普作品创作的时代背景和社会状况

进行艺术欣赏时，应当注意把握艺术家的创作个性和作品创作的时代背景。对于时代背景，在科普作品欣赏中，有一些具体内容需要关注，主要包括以下三点内容。其一是不同时期科学发展的主要潮流，简单来说就是科学技术的发展历史；其二是不同时期人们对于科学技术的看法，即科学技术观；其三是创作者所处年代的社会政治及经济状况，或者是创作者所处国家的社会经济状况。

任何创作者在创作一部作品时，都有其想要表明的观点和意图，这种观点和意图必然是主观、客观的统一，即它既是创作者个人的又是当时社会历史的产物。科普作品是一种以科学技术的传播与普及为目的而产生的艺术类别，因此，我们在欣赏科普作品时，必然既要关注当时的社会状况又要关注当时的科学技术发展状况。

科普史研究学者认为，人类文明史中的科普经历了三个发展阶段。第一阶段是早期科普阶段（前科普阶段），从 17 世纪工业革命到 19 世纪末；第二阶段是传统科普阶段，从 20 世纪初的科技革命到 20 世纪七八十年代；第三阶段是现代科普阶段，从 20 世纪七八十年代至今，这个阶段在国外也称为公众理解科学阶段。在科普发展的不同阶段，科学技术的发展状况和公众对科学技术的看法有着巨大的不同。

科普的前两个阶段基本对应着第一、第二次科技革命的时间，科学技术开始走上专业化的发展道路，极大地提高了当时的社会生产力，甚至促使当时的世界格局发生了一系列变化，让人们看到了科学技术的巨大力量。科学技术的发展带来了大量的新发现、新发明，特别是电报、电话、机车等发明的应用，极大地方便了公众的生活。在当时的历史状况下，公众对科学技术的美好前景充满了期待，对科学充满了敬意。因此，在那一时期，科普作品中充满了对科学的推崇和赞美，多是反映科学所带来的正面的社会影响。

到了第三阶段，科学技术依然取得了长足的发展并极大地推动了经济社会的发展，但随着科学技术的迅速发展及科学技术的大范围应用，科学技术所带来的负面效果逐渐显现。公众逐渐认识到科学不仅能够为人类带来美好与舒适，还有可能给人类带来痛苦和伤害。大规模杀伤性武器、军备竞赛、环境污染、生态破坏等问题让人们意识到科学技术可能带来危险和威胁；基因工程、器官移植、克隆技术、信息技术的发展与应用引起了许多关于科学技术与人类尊严、社会伦理、个人隐私之间关系的社会争议。而这一切究竟是科学技术本身所具有的还是因为人类不当地使用科学技术所造成的呢？这引起了人们对于科学技术价值是否荷载的争论及对技术的批判和反思。总之，在现今时代，公众已经明显失去了对科学技术原有的赞赏态度，而对源于科学技术的与日俱增的潜在风险有了更多的忧虑，这在大量的科普作品中都是有所呈现的。这也正需要我们对整个社会背景和科技发展背景有所了解，才能准确地把握科普作品中的这些内容。

在这里我们只举一个简单的例子。在《面包为什么不变坏》中，作者以面包的保存为例，向公众说明了现代防腐技术的优缺点。很多读者在读到这篇文章后，很可能只是对防腐技术有所了解，而对作者的深层写作意图思考较少。结合我国现在的社会状况，不难分析出作者的深层写作意图。改革开放以来，我国经济快速发展，人们的生活水平也急剧提高，开始对生活品质有所追求。吃得饱之后想的必然是吃得好，加之食品安全问题频发，人们谈防腐剂、添加剂而色变。现今，人们的口味开始追求纯天然、无添加。首先，他们忽视了防腐技术的合理性。其次，对防腐技术的一味拒绝，意味着巨大的浪费和生产成本的增加。由此看来，作者写这篇文章的深层次目的，是希望扭转我国国民的这种不理性的消费观。

第六章　散文体科普作品欣赏

散文体科普文章是一种以科学技术知识为题材，用文艺性笔调写成的文章。就内容来看，一般是对科学知识的讲解，对新兴学科的介绍，对某种规律的阐述，对新技术、新材料、新工艺的说明。

第一节　《科学世界》科普作品欣赏

《科学世界》杂志的选题涉猎广泛，精彩有趣，其中既有对自然科学的形象解读，也有对前沿科技的独特介绍。刊载的文章通俗易懂，轻松有趣，内容严谨权威，切合需求。作为中国科学院主管的科普杂志，它还拥有众多院士、科学家及科研人员作为后盾，最大限度地保证了文章的层次、水平和质量。目前，《科学世界》已成为国内最具影响力的科普杂志之一。

一、《肉加热到多少度才算熟》[①]

1. 知识性

在该文中，作者以过桥米线和牛排两种菜肴的制作方法为例，使用了少量的专业术语，解释了"肉该加热到多少度？""猪肉中有哪些不安全因素？"这些属于常识而大众又缺乏了解的问题。

在文章中，作者对旋毛虫和一些肉中的致病菌进行了详细的说明，并对过桥米线和牛排两种中外不同食物的烹饪方法进行了科学的分析和比较，让读者很容易就能获取较专业的数据和知识。此文对于普通公众来说起到了介绍和普及科学知识的作用。

2. 文学性

作者以"过桥米线中的猪肉是否会导致旋毛虫感染"这个话题，引出了"肉的安全温度"这个科学性的知识，用口语化的文字形式表达科学内容，避免了教

---

① 该文于 2011 年刊载于《科学世界》第 10 期，作者云无心。

科书式的死板和枯燥的说教。在文章中，作者在比较过桥米线和牛排两种食物的烹饪方式时，用比喻的写作手法强调客观性，同时加入了主观感情色彩，阅读中并不会让读者感到枯燥无味。

这篇文章虽属说明文，但并没有墨守成规地恪守说明文的写法。文中运用了穿插式、问答式等写作技巧，在局部留下问题、设置悬念、插入材料等，使作品达到引人入胜的境地，情趣盎然地普及了科学知识。

3. 思想性

这篇文章虽然仅仅是围绕着"肉的安全温度"这个问题来写，但是折射出来的是餐饮行业的不规范现状。同时，通过几个例子探讨了在烹饪中如何避免旋毛虫、肉加热到多少度既安全又健康等几个问题，解答了大众对过桥米线中的肉是否安全的疑问，为云南过桥米线验明了正身，起到了辟谣的作用。

二、《面包为什么不变坏》①

2010 年，网上流传过一条触目惊心的新闻：有个人买了一个汉堡，放了一年还没有发霉。后来又有一个人做了同样的实验，不过他的汉堡在一个星期后开始变坏了。

在食品安全让人们忧虑不安的时候，这些新闻让人们纠结不已：面包到底是会变坏的好还是不会变坏的好？

1. 知识性

《面包为什么不变坏》主要围绕着"面包变质的条件"这个问题，引出了食物中我们熟悉却又不了解的两种物质——防腐剂和菌种。在文章中，作者把变坏的面包和不变坏的面包两者的奥秘和区别做了解释与比较，向广大读者客观地说明了防腐剂并不是洪水猛兽，而号称不添加防腐剂的食品也并不是绝对安全，帮助读者走出了误区。

作者还运用了多个例子科学地讲解了山梨盐酸、丙酸钙等几种防腐剂的作用和性质，并对保存食物的方法和环境进行了说明，体现了作者科学严谨的写作态度。此文在食品添加剂和食物保质期这两个知识点上有着很强的扫盲作用，因此具有科普作用和价值。

2. 文学性

对一篇散文体科普作品，作者并没有简单地采取下定义、举例子、列数字等

---

① 该文于 2011 年刊载于《科学世界》第 7 期，作者云无心。

方式来说明事物的特征和解释问题，而是以分散摘录信息的方式，把几个常识性的问题分散解释，以分总式的结构形式兼以形象生动、通俗易懂的文学语言来描写，使读者在不知不觉中就学到了知识。

3. 思想性

《面包为什么不变坏》虽然主要说的是面包中的防腐剂、霉菌、细菌，但是引出在当今时代背景下人们盲目追求物质生活的社会问题。比如，人们对含有防腐剂的面包小心翼翼，对号称无添加剂的面包却趋之若鹜，因此，无良商家将生产成本转嫁给消费者。作者还针对"怎样是好面包？"这一问题，对政府监管部门的管理和商家的信誉提出了质疑。此文以具体细小的事物，阐述了耐人寻味的哲学道理，给人以启示，发人深省。

第二节 《环球科学》科普作品欣赏

《环球科学》是《科学美国人》独家授权中文版，适合高科技企业管理者、专业技术人才、科研工作者、教师、公务员和所有大专以上文化程度的科学爱好者阅读。《科学美国人》创刊于1845年，是全球顶级的科普杂志，内容涉及天文、地理、生物、人类、自然、信息技术、医学、电子等，是深入了解各领域科技动态的最佳指南。我们以《养鱼趣闻》为例来赏析。

《养鱼趣闻》的作者曾在青岛海产博物馆淡水馆工作，这篇作品通过描写养鱼过程中的趣事，展示了几种罗非鱼的特征和习性。

1. 知识性

在《养鱼趣闻》中，作者通过描写自己在工作中的小事对几种罗非鱼进行了分门别类的介绍，普及了养鱼的知识，并通过对鱼拟人化的描写把鱼群这个"小社会"展现得生动形象，使读者在了解罗非鱼的同时懂得动物也有像人一样的情感世界，展现出人类生活与自然世界的密切关系。该文具有很高的科普价值。

2. 文学性

这篇作品用的是比喻、拟人的写作手法，全文以故事的方式叙述。"我"只是配角，真正的主角是水池中的鱼儿。

作者在"主角"鱼的描写上也是颇具特色。几个"主角"各有特点、性格鲜明，特别是凶猛的大罗非鱼和聪明的裸臀鱼更是被描写得活灵活现，把鱼群这个"小社会"写得非常生动。

《养鱼趣闻》还有一个特点是"我"和"鱼"这个主角的互动，表面上是描写

"我"的心理活动，其实是在写"鱼"的内心世界。这样巧妙的写作手法是该作品的成功之处，不但把"我"在养鱼过程中的乐趣写得淋漓尽致，还激起了读者的童心童趣和对动物的爱心。

第三节 《化石》科普作品欣赏

《化石》杂志是中国科学院古脊椎动物与古人类研究所创办的科普季刊，创办于 1973 年。《化石》杂志最大的特色是以中国科学院古脊椎动物与古人类研究所的科学研究为依托，及时地反映古生物学和进化生物学的最新科学发现与研究进展。长期以来，《化石》杂志在社会上产生了广泛而积极的影响。我们以《小黄鱼走亲戚》为例来赏析。

《小黄鱼走亲戚》是一篇优秀的科普寓言作品，展示了海底大世界的各种奇妙生物，寓意深刻，情节生动感人，海洋知识寓于其中。

1. 知识性

作者通过小黄鱼走亲戚这个过程，对各种主要海洋生物进行分科别类的介绍，使读者在轻松阅读的过程中，了解海洋中的腔肠动物、爬行动物、哺乳动物、两栖动物、软体动物。在文章的最后，引用科学家对鱼下的定义，使读者明白动物的类型是有所不同的，划分依据是动物的形态、身体的内部构造、胚胎发育的特点、生理习性及生活的地理环境。

2. 教育意义

这篇科普作品用拟人的写作手法假托"小黄鱼走亲戚"的故事，说明了做事不能牵强附会、望文生义，而应该实事求是、精益求精。

第四节 《科普童话》科普作品欣赏

《科普童话》杂志创办于 2006 年 5 月，由黑龙江省教育厅主管，黑龙江省语言文字报刊社主办。它紧贴科学课教材与教学进度同步，巧妙地使理性思维和感性认知交融，旨在培养青少年的探索力、想象力、创造力与生存力。我们以作品《山林奇案》为例来赏析。

处于大秦岭中的一片山林属于自然保护区，形形色色的野生动物家族都在这里繁衍生息，觅食嬉戏，各自过着安宁、幸福的日子。但是，在这块地方发生了一件奇案……

1. 知识性

《山林奇案》是一篇科普童话,通过丰富的幻想和夸张的手法塑造了小青鼬的罪犯形象。在破案的过程中,把小青鼬这种动物的种种特殊之处刻画出来,作品是想象与知识结合起来后适当地生发,衍生出许多具体的细节,使得故事情节既符合科学性又生动有趣。读者可以在轻松的阅读中了解到青鼬是黄鼬的近亲、青鼬是田鼠的天敌、熊猫宝宝像小老鼠等有趣的知识。

《山林奇案》故事情节曲折动人,语言文字浅显易懂,非常适合儿童阅读,是一篇成功的科普童话。

2. 趣味性

《山林奇案》的故事情节并不单一,人物形象设置广泛。其中的"大熊所长"和"猕猴警长"描写得生动活泼、个性明显。特别是主角小青鼬,可怜又滑稽的形象活灵活现,给人们带来了无限的童趣。

第七章 科普小说赏析

科普小说是一种以讲故事的形式将科学知识和文学素养结合的科普文学形式。其中,科普经典小说是指一经发表或出版便产生巨大反响,且经过了长期的沉淀,依然为人们所喜爱的科普小说。在科普经典小说中,科学家不但能使人们在趣味十足的故事中认知相关的科学知识,更在故事中寄予了对科学、对世界、对生命的感知与理想。

第一节 法布尔《昆虫记》赏析

一、作家生平[①]

法布尔 1823 年 12 月 22 日出生于法国南部一户贫寒的农民家庭,4 岁左右被送到祖母家看护。那里丰富多彩的农村生活给天真无邪的小法布尔提供了亲近大自然与动物们的机会,他白天和小伙伴们上山采集菌子、掏鸟蛋、放牧牛羊,晚上围着火炉听祖母讲述各种奇异的故事。

7 岁的法布尔进了村里的小学。校舍极其简陋,一间教室既当厨房、饭堂又当睡房,鸡窝和猪圈就紧贴着教室。教师虽很有能力,但基本没有时间好好上课:因为他身兼数职,除了教书外,还干着剃头匠、旧城堡管理员、敲钟人、唱诗班成员和时钟维修工的活儿。平时法布尔跟小伙伴们总是围着热气腾腾煮着猪食的炉子上课,一边听讲一边偷吃锅里煮熟的土豆,课堂随时会被那些突然闯进来的小猪和鸡鸭打断。这样的上课机会也不多,更多时候,他们被带到户外参加劳动。在这所学校,小法布尔学到了什么呢?一些简单的圣徒故事充当法语读物,语法一窍不通,法语字母的记诵和拼写还是通过自学父亲买的一幅用各种动物标注字母的挂画学会的。对历史和地理一无所知,数学不过是能做些简单的加减法,背诵乘法口诀。小法布尔像其他顽皮的孩子一样,对自然界中各种动植物的兴趣远远超过学习。

[①] 关于法布尔生平与《昆虫记》成书背景的介绍,参考的文献是勒格罗著、太阳工作室译的《敬畏生命——法布尔传》,1999 年作家出版社出版。

　　法布尔 10 岁时，家里因为经济原因，迁往罗德茨市居住，法布尔因此进入罗德茨市中学念书。那时，法布尔因担任教育系统附属教堂神甫主持仪式时的侍童，获得免费走读生的待遇。在此期间，法布尔接触了大量希腊神话传说及各种奇异故事，他的语言能力得到师生认可，这对他以后的创作、表达和想象不无益处。随后，因家庭经济拮据，法布尔告别了学业，四处打工谋生。在那段黑暗艰难的岁月里，他对昆虫的热爱从未泯灭，倒像一道灿烂的阳光，点亮他灰暗的生活。

　　15 岁时，他只身报考阿维尼翁市的师范学校，被正式录取且得到了校长的赏识，校长允许他按照自己的意愿自由行动。他一方面迅速掌握所学内容，另一方面不断强化自己对植物和动物的认识。从师范学校毕业后，出于生计考虑，法布尔放弃自己钟爱的自然科学，选择到卡庞特拉中学担任初中数学教员。在此期间，他自学了数学和物理，凭着顽强的毅力与过人的才智通过各门考试，拿到高中的结业证书。随后又取得大学资格的物理、数学学士学位。最后被派往阿雅克修中学教物理和化学。在此期间，法布尔结识了几位对他影响很大的植物学家，通过与这些学者的接触，他对自己今后的发展有了更清晰的认识。他说："那未来的形象，不再只是个记忆力强健的专业词汇分类学者，而是思路开阔的博物学家，是集细节至达观的哲学家，是文学家，是善于将富于形象的话语魔术斗篷投罩在绝对真实上的诗人。"[1]

　　4 年后，19 岁的法布尔被调回阿维尼翁市担任中学教员。之后，他花了两年时间，靠自学拿到了自然科学学士学位。时隔一年后，法布尔又凭借两篇优秀的学术论文，获得自然科学的博士学位。这一切都得益于他坚持不懈、吃苦耐劳的良好品质。正如法布尔自己所说："我从来没有进过一所大学专业系的讲坛，没有先生，没有导师，而且经常没有书本，也不管艰难困苦有多大，窒息灵性的环境多么可怕，我都向前走，我都坚持不懈，我都昂首接受各种考验。"[2]1870 年，法布尔应邀在女子学校开设物理和自然科学的课程。此举一出，立刻受到多方责难，最后由房东出面，强令法布尔全家搬走。他因此失去了维持生计的工作，生活再度陷入贫困。法布尔一家从阿维尼翁市迁到沃克吕兹省境内，在奥朗日市找到安身之所。此后五年间，他撰写了不少自然科学知识读物，靠稿费谋生。为了完成计划中的昆虫研究，他于 1875 年带着家人迁往小镇塞里尼昂，在四年的不懈努力下，《昆虫记》第一卷诞生了。

　　一年后，他在小镇附近购得一处生于荒石与荆棘之中的老式旧民宅，不无自嘲地将其命名为荒石园。荒石园虽然土地贫瘠，但长着很多耐旱、多刺的植物，

---

　　① 法布尔. 昆虫学忆札·我的学校. 王光译. 长沙：湖南教育出版社，1998：30.
　　② 法布尔. 昆虫学忆札·我的学校. 王光译. 长沙：湖南教育出版社，1998：31.

是各种昆虫的乐园，法布尔想建立活的昆虫实验室的夙愿终于实现了。此后的几十年间，他素衣薄食，不辞辛劳地悉心打理这块土地，把贫瘠的荒石园变成了天然的昆虫实验室。几千个日日夜夜里，他顽强地据守在这片研究阵地上，不辞辛劳，忘我地扎进昆虫世界，把客观真实的观察记录，写成了一部《昆虫记》。他一直这样孜孜不倦地工作着，直到生命的尽头。

二、成书背景

法布尔对昆虫的喜爱可以说是与生俱来的，童年的生活经历为他提供了接触和观察各类动植物的绝佳机会，但苦于谋生，《昆虫记》的写作一直到他晚年才得以进行。

在卡庞特拉中学执教期间，法布尔内心深处那股对昆虫的热爱之情，被一次偶然的出行机会点燃了。回来后，他毫不吝惜地用整整一个月的薪水，买来昆虫学的相关作品细细研究，萌发了要为昆虫书写历史的意愿。

24 岁时，法布尔成了阿雅克修市中学的一名教员，业余时间都花在了观察记录动植物特征上，四年里从未间断。对他之后的昆虫研究有着极大影响的几位关键人物，这时都一一出场了。其中有植物收藏学家勒基安、博物学家图卢兹、植物观察家摩干·丹东。摩干·丹东让年轻的法布尔更加确定了自己对昆虫研究的狂热，日后进行昆虫研究的目标也越来越清晰。他们结伴到科西嘉岛进行考察，临走时，摩干·丹东为他演示如何解剖一只蜗牛。法布尔说："那是我一生听过的唯一难以忘怀的自然史课。"[①]

1879 年，56 岁的法布尔写成了《昆虫记》第一卷。1880～1910 年，法布尔在荒石园中完成了 9 卷《昆虫记》的写作。至此，10 卷 220 余篇 400 多万字的鸿篇巨制问世了。第十卷脱稿时，法布尔意识到自己的身体状况已经不允许他继续写作，便将原计划写入第十一卷的《菜青虫》《萤火虫》两篇编入，作为增补。就在这一年，法布尔声名鹊起，各种荣誉与关注接踵而来。当年《昆虫记》的销售量，是此前 20 年的总和。现今流传的《昆虫记》第十一卷，是介绍法布尔的一生的文章的结集，由勒格罗执笔。

《昆虫记》问世后，成为伴随许多名人作家成长的经典，在国内外好评如潮。罗曼·罗兰说，法布尔那些极富天才的观察令他痴迷得毫无倦意，在一种持续不衰的期待中，使他感到愉悦和满足。这种满足，就和痴迷于艺术杰作时的感觉一样。法国戏剧家埃德蒙·罗斯丹说，《昆虫记》令他感到，法布尔这位充满魅力、感情丰富、发人深省的天才是那么平易近人。《昆虫记》陪他度过了不知多少津津

---

① 法布尔. 昆虫学忆札·我的学校. 王光译. 长沙：湖南教育出版社，1998：31.

有味的美好时光。鲁迅也评价道,《昆虫记》不仅具有学术价值,而且读起来也是一部很有趣,也很有益的书。[①]《昆虫记》曾经被翻译成 50 多种文字,成为中小学生必读的科普经典,哈佛大学 113 位教授一致推选它为最有影响力的书之一。《昆虫记》既能传播科学知识,又能带给读者审美享受和哲学思索,是一部跨越科学和文学两界的传世杰作。

三、作品欣赏

(一)内容简介

《昆虫记》共 10 卷 400 多万字,以日记体形式,详细记载了蝉、螳螂、蜜蜂、萤火虫、蟋蟀、蜘蛛、蝎子等几十种昆虫的生活和习性,具体到每种昆虫的形体特征、身体构造、器官功能、筑巢、捕猎、求偶、繁衍、应对危机等方方面面。一种昆虫为一个系列,各自独立,读者阅读时可前后跳跃而不会造成理解困难。

法布尔用饱含仁爱的眼光关照笔下的昆虫,巧用比喻和拟人手法,把各类小虫子写得活灵活现。描写昆虫习性时,他往往创造一定情景,让它们的活动也如人类生活一般丰富多彩,妙趣横生。法布尔对生命的敬畏和关爱通过文字表达出来,用人性去体味昆虫的世界,又透过虫的眼睛来反观人类自身,文章充满了智慧的思考与趣味无穷的知识。爱虫者读后越发爱之,厌虫者读完亦会心生爱意。

此外,《昆虫记》可以说是作者一生的回忆录和思想精髓。400 多万字的著作里,有对浪漫童年和故乡生活的回忆,有关于学校老师和同学的记录,有对人类当下和未来处境的思考,也有对自己独自钻研学问和战胜贫困时的心态描写。穿插其间的内心剖白常令读者为之动容;他不畏艰辛、执着求知的品质令人肃然起敬。作品透过虫类洞悉大千世界,不管是人类还是昆虫,就生命意义来说,法布尔都一视同仁。

法布尔不盲从权威,妄下定论。《昆虫记》里记载了他对学界或民间惯常说法的怀疑,通过严谨细致的观察和反复试验,或更正或否定或赞同。即便是对当时得到世人公认的进化论,法布尔也一直秉持十分谨慎的态度。无论是在科学界还是文学界,《昆虫记》都是一座让人仰望的高峰。

(二)作品赏析

1. 诗的王国

法布尔用充满诗意的语言、饱含深情的笔墨,让科学卸下了冰冷的面具,微

---

① 法布尔. 昆虫记(精华版). 陈筱卿译. 长沙:湖南科学技术出版社,2010:1.

笑着向我们走来。《昆虫记》像一面多棱宝镜，每一个角度都熠熠生辉：它是可供科研的翔实资料，是启蒙心智、开发情感的教科书，是洞见自然的窗口，是昆虫的童话、大自然的寓言。法布尔在科学与文学两个方面的造诣都达到了炉火纯青的地步。《昆虫记》的语言充满了魅力，阅读《昆虫记》的每一位读者，都会不自觉地加入昆虫的行列，想象随着文字飞驰，情感跟着情节波动，或悄然动容，或莞尔一笑，或拍手称快，读《昆虫记》像完成一次次昆虫世界之旅，这与作者使用的文体、语气语调、叙述视角、表现手法等有关。

首先，《昆虫记》使用日记形式和散文体裁详细记录昆虫习性。

日记体裁的使用时时提醒着读者，文章所写都是通过真实观察和记录、合理推测和小心求证过的，它与文学家运用的虚构和想象有着质的区别。同时，散文化叙事比较自由，可以尽显作家的风格。在《昆虫记》中，法布尔常使用诸如"快来看啊""让我来告诉你"之类的话语，一方面，能拉近读者与作者的距离，迅速消解读者不在场的感受，让读者一下子走进作者精心绘制的昆虫世界；另一方面，能使读者在阅读过程中感受到讲故事的氛围，那种闲谈的语气使阅读过程轻松愉悦。"我的这个稀奇而又冷清的王国，是无数蜜蜂和黄蜂的快乐猎场，我从来没有单独在一块地方，看见过这么多昆虫。"①这段文字让人读起来有听的感受，法布尔就像站在读者面前，娓娓讲述着发生在荒石园里的故事。

其次，法布尔巧用拟人与比喻手法，为每个昆虫塑造自己的形象。

每种昆虫不仅有独一无二的外形，还有各自的性格特征。比如，好脾气的蝉、自私的蚂蚁、阴险的螳螂、毅力惊人的屎壳郎、盲从的毛毛虫、为幼子自我牺牲的犀金龟、食夫雌朗格多克蝎。他为每个昆虫作传，详尽地描写了它们从产卵、求偶、捕猎直至老死的生命历程，完全把昆虫当作文学人物来描写，情节生动，细节真实。

在《昆虫记》中，我们也能看到昆虫们为了谋取食物耍诈使骗，强取豪夺；情敌之间为争夺配偶打得头破血流；父母为哺育子嗣呕心沥血、齐心合作。在那个世界生存同样险象环生。人类的情感和道德，全部运用在小昆虫身上。

除此之外，作者运用文学虚构和想象，将心比心，以人性来体味"虫性"，小昆虫也常常跳出来现身说法，向读者和作者倾吐心事，这也正是《昆虫记》不同于一般介绍昆虫的知识性读物的特征。

十一月的夜里，寒风瑟瑟，平日辛劳采蜜、温柔喂食后代的黄蜂消退了建筑家园的热情，它们的内心被深深的惆怅萦绕着，因为它们将在寒冬夺取幼崽的性命之前，亲手杀死自己辛苦哺育长大的幼儿。这场景对于善良的读者来说过于残

---

① 法布尔. 昆虫记·论祖传. 田力译. 西安：陕西人民出版社，2009：13.

忍，于是就有了一场想象中黄蜂对自己行为的辩白。"我们没有必要留下这些孤儿。不久以后，等我们都离开了，还能有谁来照顾这些可怜的后代呢？没有。既然这样，那还不如让我们把它们统统杀死。这总比那种慢慢被饥饿煎熬而死要强得多，长痛不如短痛嘛！"①

那些在人类看来残忍、无聊、令人厌烦的行为，经过这样的转换心态，得到了理解和同情。炎炎夏日，蝉的叫声令人烦躁不安。法布尔用深情的笔调，转换到蝉的立场，为它辩护，说它煎熬了四年黑暗的地下生活，才能有一个月时间穿上漂亮的衣服，在日光中享乐，它当然要鼓足干劲，歌颂快乐。我们不应该厌恶它歌声中的浮躁。

最后，法布尔大量借用寓言、诗歌和神话典故，让作品充满了浪漫色彩和浓浓的诗情，知识化的介绍通过诗意的语言，化身为精彩的文学作品。

作者介绍蝉的时候，引用了蝉和蚂蚁的寓言，把这两种小昆虫置于一个诗意的世界。蝉变成了老实本分但不务实的样子，蚂蚁变得吝啬狡猾，处处掠夺蝉的领地，抢走它的食物。"在一个夏天里，蝉不做任何事情，只是终日唱歌，而蚂蚁则忙于储藏食物，冬天来了，蝉为饥饿所困，只好跑到它的邻居那里借一些粮食，结果它遭到了难堪的待遇。骄傲的蚂蚁问道：你夏天为什么不搜集一点食物呢？蝉回答说：夏天我得唱歌，太忙了。你唱歌吗？蚂蚁不客气地回答：好啊，那你现在可以跳舞了。然后它就转身不理它了。"②表现昆虫习性及发表观察结论时，法布尔常会插入一些诗歌，运用神话典故等，这些文学要素的加入，不仅使作品内容提前有了接受基础，还增强了文章的文学性。

2. 情的世界

文学随着个体意识的觉醒和人性的解放而出现，它以个体的情感体验为基础，以想象和虚构等主观因素为标志。③"我们承认'虚构性、创造性、想象性'是文学的突出特征。"④一般性介绍昆虫的作品与《昆虫记》的最大区别就在于《昆虫记》本身具有的文学特征。文学与科学在《昆虫记》中互为表里，科学披上文学的外衣变得可亲可感，艰深晦涩、令人望而却步的科学知识变得形象生动，抽象思维变成具体形象的情感体验；文学描写以科学研究为核心，规定着文学想象与虚构的限度，而各种文学手法的运用，最终还是要落实到知识认知上来。

法布尔的《昆虫记》的写作以一个"情"字贯穿始终，以情感人，以情动人。

① 法布尔. 昆虫记·黄蜂. 田力译. 西安：陕西人民出版社，2009：122.

② 法布尔. 昆虫记·蝉. 田力译. 西安：陕西人民出版社，2009：30.

③ 朱迪光. 文学欣赏. 上海：华东师范大学出版社，2012：1.

④ 韦勒克，沃伦. 文学理论. 刘象愚，邢培明，陈圣生，等译. 北京：生活·读书·新知三联书店，1984：13.

拟人化手法的使用、绝妙的比喻、故事化处理、第一人称叙事手法、诗与寓言的引用，无不以一个"情"字为核心。"情"的线索既可以让读者感受到作者对昆虫的爱怜与关怀，对人类命运与社会走向的关心，也旨在让读者对昆虫动情、用情，达到对生命的普遍理解与呵护。作者苦心孤诣地为每种昆虫塑造文学形象，赋予人类的伦理秩序，无非是想让读者先从心理上、情感上接受它们，让我们对那些平时不关注甚至厌恶的昆虫放下芥蒂，重新审视，然后再去了解它们，认识它们，同时也认识我们自己。

有人说法布尔的写作不够严谨，他回答道："你们是剖开虫子的肚子，我却是活着研究它们；你们把虫子当作令人恐惧或令人怜悯的东西，而我却让人们能够爱着它；你们是在屠宰场一样的车间里操作，我则是在蓝天之下，听着蝉鸣音乐从事观察；你们是强行将细胞和原生质置于化学反应剂中，我是在各种本能表现最突出的时候探究本能；你们倾心关注死亡，我悉心观察的是生命。我在为学者们撰写文章，为将来有一天会多少为解决'本能'这一难题做些贡献的哲学家们撰写文章，我实在想让他们热爱这门你们这么想让人憎恨的自然史。这就是我为什么始终坚持真实所特有的一丝不苟的态度，要求自己不去读你们那类科学华章。"①他想让科学亲近我们，让我们将心比心地去理解和领悟除了人类之外的其他生命。法布尔一直有这样的愿望："如果科学肯放下架子让孩子们也感到亲切，如果我们的大学军营考虑在死书本之外再增设活的野外学习，如果官僚们颇有好感的教学大纲套索不把有志者的首创精神扼杀干净，那自然史就不知能把多少美好善良的东西印在儿童们的心灵中。"②他以身作则，顶着舆论压力，想用自己的才华，让不了解自然史的人们像他一样，对这门学科产生兴趣与热爱。《昆虫记》做到了这一点，文字背后处处充满了生命魅力，透过动物行为能给人类以生存启示，明显表现出情感教育的意味。

读过《昆虫记》的人，都会有这样的阅读体验：常常，我们不是把昆虫当成"远亲"，而是把它当成了我们自身；把昆虫的世界当成了人类所处的社会。在那里，白面螽斯和绿螽斯在温和地吞食着已故的情侣，雌螳螂、金步甲朗格多克蝎则干脆在兴致勃勃地生吞活剥着自己的丈夫；四月，被农夫用铁锹捅漏肚皮的鼹鼠横尸田野，狠心的孩子抄起石块砸扁了刚刚穿上缀珠绿袄的蜥蜴；有路人自认行为可嘉，愤然踩烂半道遇上的游蛇；一阵疾风掠过，那尚未长毛的雏鸟，一头从巢中跌落在地……生命即是如此，充满了意外。而那些样样活计拿得起来却又热衷于行窃的蚂蚁，繁殖蛆虫的双翅目昆虫，以及藏尸虫、腐阎虫、皮蠹、隐翅虫们，却在孜孜不倦地探查、搜索和吸吮着恶臭，并借此"强壮"自己的肌体。

① 法布尔. 昆虫记·泥水匠蜂. 田力译. 西安：陕西人民出版社，2009：44.
② 法布尔. 昆虫记·螳螂. 田力译. 西安：陕西人民出版社，2009：57.

由此，我明白它们为什么那样瘦小了，因为它们赖以生存的"能源"，乃是一些腐朽的东西。①鲁迅先生所说的该书是"用人类道德于昆虫界"的结论十分中肯。读完《昆虫记》后，我们对昆虫的认识，就在这样的情感表述与生命体验中建立起来了。

3. 智慧如花

《昆虫记》不仅与昆虫有关，也有作者对世界和人类社会及科学本身的思考。

生命是一个沉甸甸的词，如何对待生命是一个值得深思的问题，人类道德进化的程度可以从人们对待生命的态度中看出。法布尔怀着对生命的平等与敬畏之心，以人眼来观看虫类世界，又以虫的眼睛反观人类自身。不管是人类还是昆虫，一切生命在他眼里都是平等的生命，对生命的绝对尊重是法布尔的夙愿。他说："时至今日，日益清醒的良心要求我们，一定要怀着对疯狗那样的仁慈来对待为非作歹的人。人们消灭他，但并不一味追求用多么残酷的方式。这种对生命的绝对尊重局面，什么时候才会出现呢？"②

在无限的宇宙世界面前，人类的认识能力十分有限，每一代人对事物的认识都会在前一代的基础上有所进步，但不能穷尽真理。正如法布尔所言："我们徒劳地在生命之谜的深渊中投入探测器，我们永远探不到准确无误的真相。理论得到的只是些幻影。这些幻影今天被人们欢呼着确认为认识力的最高明见解，明天又被视为谬误而摒弃，继而以别的高明见解取而代之，结果或早或迟又被发现是不正确的。它到底在哪里，这真像？它是否酷似几何学家的渐近线，在我们那总是接近着它却从未触及它的好奇心的尾随下，向无限遥远的境界溜去？"③

科学是把"双刃剑"，在给人类的生活带来极大便利的同时，又给人类的生存带来威胁。法布尔也同样担忧着、思考着："未来为我们保存的是什么？我们连想都不敢想。把硝化甘油加苦酸盐制剂、雷酸盐加混合液体炸药制剂，以及前进不停的科学很快将发明出来的威力大千百倍的炸药，都堆在山根底下，我们是否能够把地球炸飞呢？大地在天翻地覆的摇动之下，飞溅起尖锐的土块爆炸物，会不会也像那群小行星一样形成旋转的碎星团呢？那个碎星团，肯定是某个已经消失的世界留下的废墟。啊，那会是美好崇高的事物的终结，但同时也会是丑恶和无数苦难的终结。在我们今天这样一个唯物论生机勃勃的时代，物理学所起的正是摧毁物质的作用。我们千万不要相信这气吞山河般的妙计。我们要像冈第德所奉劝的那样，种植我们的花园，我们要浇灌自己的卷心菜田，我们要按照事物本来

---

① 李杜. 读昆虫记. 名作欣赏，2009，16：87-90.
② 法布尔. 昆虫学忆札·大力神虫及道德. 王光译. 长沙：湖南教育出版社，1998：72.
③ 法布尔. 昆虫学忆札·大力神虫及道德. 王光译. 长沙：湖南教育出版社，1998：70.

的面目接受事物。"①对物质和生命的损毁他是反对的。《昆虫记》中还有很多具有哲学意味的思考，等待读者去发现与品鉴。②

第二节　高士其《菌儿自传》赏析

一、作者生平③

　　高士其，原名高仕鎭，乳名贻甲，1905 年出生于福建省闽县（今福州市）。高士其从小受到较为严格的家庭教育，他的祖父高伯谨和父亲高赞鼎都擅长诗文创作，他的母亲何咏阁知书达礼，写得一手好字。高士其 4 岁时，就能背诵《千字文》《三字经》《助学须知》等。6 岁时，祖父就让他背《大学》，并教给他"格物、致知、诚意、正心、修身、齐家、治国、平天下"的大道理，当时祖父规定书没背熟，便不许游戏。高士其在少年时期已经展现出过人的智慧，13 岁就被保送进清华大学的前身——清华留美预备学校，用 7 年时间修完了别人需要 8 年才能完成的课程。

　　1925 年，高士其毕业于清华留美预备学校，考入美国威斯康星大学化学系。1926 年夏，转入芝加哥大学化学院。即将毕业的高士其接到父亲的来信，信中是姐姐高度平死于霍乱的消息。1927 年，高士其改读细菌学、公共卫生学，最终获得博士学位。在 1928 年的一次实验中，由于一个装有脑炎病毒的瓶子破裂，病毒侵入他的大脑并留下后遗症，随着时间的推移，病情逐渐加重。医生曾劝高士其中止学业，立即回国休养。尽管每周都要发病一次（发病时脖颈发硬，头往上仰，眼球向上翻，两手抖动不止），左耳也渐渐聋了，但是他还是坚持研究病毒、细菌，终于读完了医学博士的全部课程。④

　　当高士其发现自己再也不能从事科学研究时，就开始了自己的译著和创作生涯。高士其于 1930 年归国，在上海与陶行知、董纯才等合作创办儿童科学通讯学校，并专门为孩子们创作和编写科学读物、科学小品、科学诗。1933 年他写的第一篇作品《三个小水鬼》，介绍了霍乱、伤寒、痢疾，并立志终生致力于儿童科学读物的创作。高士其将孩子视为祖国的希望，认为必须从小培养他们对自然科学

---

　　① 法布尔. 昆虫学忆札·大力神虫及道德. 王光译. 长沙：湖南教育出版社，1998：71-72.

　　② 可参考：胡山林. 文学欣赏新编. 北京：人民邮电出版社，2013；王林瑶，张广学，刘友樵. 昆虫知识. 北京：科学出版社，1977.

　　③ 关于高士其生平与《菌儿自传》成书背景的介绍，参考的文献是叶永烈著的《中国的霍金——高士其传》，2013 年安徽教育出版社出版.

　　④ 王乐. 30 部必读的科普经典. 北京：北京工业大学出版社，2006.

的热爱。高士其于 1935 年在李公朴、艾思奇主编的《读书生活》上发表了自己的第一篇科学小品《细菌的衣食住行》。1936 年在开明书店出版了第一部科普读物《细菌与人》。在高士其的科学小品文中，《菌儿自传》是他的代表作，在当时的知识分子中广为流传。此外，高士其还开创了科学与诗歌相结合的新形式。1950～1988 年，高士其在全身瘫痪的情况下，又撰写了大量的科学小品、科学诗和科普论文，出版了近 30 部专著，主要作品有《我们的土壤妈妈》（获 1954 年全国儿童文学一等奖）、《时间伯伯》、《生命进行曲》等，并获得诸多奖项。

几十年来，高士其不但以心血著述、用生命创作，而且一直致力于培养科普作家队伍，热情地帮助中青年作家成长与进步，在中国作家协会中发展起一支科学文艺队伍。高士其晚年注重对科普创作进行理论探讨，提出将科学和文艺结合起来的观点。他的科普作品源源不断，填补了创作的空白。高士其以丰富的创作经验推动了科学文艺的发展，为我国科普事业与科普创作的发展做出了巨大的贡献，在国内外享有很高的声誉，在我国科学文艺史上具有重要的地位和作用，是我国科普创作的创始人之一，是科学诗的鼻祖。

二、成书背景

一次偶然的机会，高士其阅读了陈望道主编的《太白》创刊号，《论科学小品文》让他大受启发——小品文与科学"结婚"，把科学的主题用文学的手段来表现，不仅可以把科学交给人民，还能让人欣赏到艺术的美。高士其由此得到启发，认为自己既攻读过科学，又热爱文学并具有较好的文学素养，或许写科学小品是自己的最佳选择。在李公朴和艾思奇的鼓励下，高士其创作了第一篇科学小品《细菌的衣食住行》。

《细菌的衣食住行》的成功，为高士其开辟了一条崭新的道路，他所拥有的深厚的文学素养和渊博的科学知识，终于得到了淋漓尽致的发挥。在上海简陋的居所中，高士其用颤抖的右手，一笔一画地写出一篇篇妙不可言的科学小品，如《我们的抗敌英雄》《霍乱先生访问记》《鼠疫来了》《儿童之敌——白喉杆菌的毒素》《生物界的小流氓》……自此，高士其迎来了创作的高潮。1935～1936 年，高士其创作了近百篇优秀作品，结集出版了四本专集。这些作品以通俗易懂、风趣幽默的风格，传播了大量的科学知识，针砭时弊，引起了巨大反响。在积累了一定创作经验之后，高士其终于创作出了代表作《菌儿自传》，该书成为科学小品的经典。《菌儿自传》创作于 1936 年，最初连载于《中学生》杂志，1941 年 1 月由开明书店出版。高士其认为，《菌儿自传》不是科学小品，而是科学小说。

《菌儿自传》的问世不是偶然的，出身书香世家，家中拥有丰富的藏书，高士其的祖父和父母都具有较高的文学修养，这些都促进了高士其对文学的兴趣和他的文学素养的养成。更关键的是，高士其自小便受到了比较严格和系统的教育，在家人和老师的教导下，已经具备了较高的阅读、写作水平。即便高士其在外求学、钻研自己的专业——化学和细菌学之余，也不忘对文学的关注，坚持阅读和写作文学作品。例如，他在《菌儿自传》中写道："然而我也不以此为馅。鲁迅先生笔下的阿 Q，那个大模大样的人物，籍贯尚且有些渺茫；何况我这小小的生物……"①可见高士其涉猎之广。因此，科普文学的创作对自小便被称为神童的高士其而言，并不是一件难事。另外，高士其的祖母和母亲都十分擅长讲故事，从小给高士其讲述了很多历史文化故事，使得高士其从小便很熟悉历史人物与典故，他在《菌儿自传》中引经据典，使得这部科普小说生动、有趣之余颇有文化厚度。他本身扎实而专业的医学、化学知识，更使得广大读者能在玩味、欣赏文学作品之余学到丰富的医学科学和公共卫生知识。

《菌儿自传》一经问世，便在知识分子和在读学生中广为传阅，不但传播了医学科学和公共卫生知识，而且引领很多小读者走上了科学的道路。例如，生物科学家陈章良便在这本《菌儿自传》的吸引下，对生物科学产生浓厚兴趣，最终将此作为毕生的事业。

三、作品赏析

（一）内容简介

《菌儿自传》是一部引人入胜、趣味浓厚的科学小品佳作。作者以菌儿在人体内部的游历为线索，引出细菌学的诸多知识，将不同细菌的喜好和活动特点揭示出来，尤其是用辩证观点把菌儿对人类有益和有害两个方面的性质系统地、全面地介绍给读者。

全文共 15 章，分 3 个部分，每章都可独立成为小故事，各部分有机地组成一个整体，是菌儿的全貌及其全部生活史。第一部分包括"我的名称""我的籍贯""我的家庭生活""无情的火""水国纪游""生计问题"六章，向读者介绍了关于菌儿的一些最基本的知识，向读者展示了细菌的存在和细菌到底是怎么一回事。第二部分从呼吸道的"探险"到肠腔里的"会议"，从"呼吸道""肠道"等名称可知，都是写菌儿发现人体的器官和物质及在人体内游历的事情，重在揭示细菌与人的关系、细菌对生命的意义，讲述细菌对人体的危害和人怎样预防感染细菌，这部分是全文的重点。在最后一部分即第三部分中，讲到"清除废物""土壤革命"

---

① 高士其. 菌儿自传. 北京：光明日报出版社，2011：1-2.

"经济关系"，继上一部分陈述细菌有害的一面，阐明菌儿对人类和农业、工业有益的地方。它告诉读者许多有关细菌的知识，如何判断细菌是有危害的还是有益处的。虽说全文每章各自可以独立，并且分为不同的部分，但全文都紧扣主题，每个部分环环相扣，一以贯之。首先，作品对细菌进行了简要介绍，并且介绍了细菌的最初来源和不同种类，接着写了细菌随着历史的发展而不断改变居所和被发现的经历。然后，作品讲述细菌在人体和动物体内的游历，对人体和动物身体的认识和细菌在其中的危害，揭示细菌怎样侵入人体和怎样可以避免感染细菌。最后，告诉人们细菌不全是有害的，也有些细菌在特定的区域和时间是对人体、工业和农业有利的。由浅入深、深入浅出地介绍了细菌的全貌，看似毫无章法，实则各部分联系紧密、各成体系。

从"菌儿自传"这一标题可以看出，作者使用的是自传体的叙述模式，不但能使读者了解到书中的主人公"菌儿"，而且通过书中的"菌儿"带领读者看到现实中的细菌世界。另外，在《菌儿自传》中，高士其以"菌儿"的独白，将繁复、难懂的细菌学知识一一道出，同时，借"菌儿"的独白，将当时人们的生活状况和自己的情感、思考展现在读者面前。《菌儿自传》中，最为醒目的是作者常常打断"菌儿"的独白，插入科学诗，使得原本单一的自传体科普文变得生动而活泼。

（二）作品赏析

1. 自传体的叙述模式

《菌儿自传》中包含了菌儿的故事，菌儿的样子、特征和菌儿所看到的场景、世界，所听到的人们的议论和菌儿的心理等大量信息，这些都是作者想让读者知道的。然而作者怎样才能让读者知道呢？这就需要在文中设置一个叙述者，而叙述者的身份和叙述者以怎样的方式叙述便是文章的叙述角度。第一人称的叙述角度是人们最早使用和最常用的方式。最早，人们都是以第一人称叙述讲故事的人自己所看到和听到的逸闻趣事[1]，一来使听故事的人信服，二来既然是自己的事情，叙述起来便可随性而自由。在《菌儿自传》中，作者以主人公菌儿独白的方式展开全文，以第一人称的角度来描述"我"看到的世界和经历的事情。

"自我的始祖，一直传到现在，在生物界中，混了这几千万年，没有人知道我，都不知道我的存在。""我既是造物主的作品之一，生物中的小玲珑，自然也有个根据，不是无中生有，半空中跳出了吧。那我的籍贯也可从生物的起源问题上，寻出端绪来吧。""在大旱天我是受着风爷的欺骗了。我凄凉地度过了冰雪的冬天。"[2]在这些以第一人称的叙述中，我们可以得知细菌是难以被人们发现的，人们还在

① 王先霈. 文学文本细读演讲录. 桂林：广西师范大学出版社，2006：45.
② 高士其. 菌儿自传. 北京：光明日报出版社，2011：51.

为它来自哪里而困惑，它的来源存在争议，在旱天和冬天细菌难以生存。在第一句话中"混了这几千万年，也没有人知道我"，"几千万年"说明了细菌存在的时间之长，而"没有人知道"则说明要发现细菌有多么困难，小细菌对风的依赖，虽被"风爷"欺骗，心中愤愤然却也无可奈何，对冬天的恐惧也跃然纸上。可见，第一人称的叙述角度便于作者将叙述、描写、议论和抒情相结合。

"我随着空气的动荡而上升。有一回，我正在天空四千米之上漂游……我又随着雨水的浸润而深入土中。但时时被雨水冲洗，洗到江河湖沼里去了。""到了春风和畅的季节，下界雨量充足，草木茂盛，虫鸟交鸣，生物都欣欣然有喜色。那时我早已暗恨天空的贫乏、白云的无聊，思恋着地上的丰饶。于是善变的风爷又改换方向来招我下凡了。我别了白云，下了高山随着风爷到农村。农村遍地花红叶绿，我逢花采花，逢叶摘叶，凡是吃得动的植物无所不吃。"①既随着"空气的动荡而上升"，又"随着雨水的浸润而深入土中"，还被"洗到江河湖沼里去了"，可见小细菌游历范围之广。"别了白云，下了高山"和"逢花采花，逢叶摘叶"等，可见小细菌游历到哪里，便把自己在那里的所见、所闻和所为叙述出来。在文中，小细菌在从这里跳到那里、从天上飘到地下的过程中继续着自己的故事。这样全文可以自由地进行场面上的转换和情节的推进，让读者得以看到小细菌在不同时期、不同场景下的不同状态，小细菌的形象就变得立体而鲜活了。另外，就《菌儿自传》整体而言，我们得以看见小细菌火里来水里去，从呼吸道滑到肺部，从肺部又窜到肠道，接着钻入腐物、土壤和牛奶中，使《菌儿自传》以小细菌的游历路线为线索，将全文贯穿起来，环环相扣，形成了一个连贯的体系。

虽然高士其认为《菌儿自传》是科学小说，但是其和一般的小说有很大不同。首先，在小说中，文本解读的重点集中在作者是如何在文本范围内安排自己所要讲述的故事；而在自传中，对文本的解读不仅关注的是作者如何在文本范围内重新安排文本故事，还把现实生活中的个人经历考虑在内。衡量个人在现实生活中的真实经历与所描述的故事之间的差距是判断自传和小说的差别之一。②其次，在小说中，对小说文本的解读仅仅局限于作者在文本范围内怎样讲述故事；而在自传中，对自传的解读已经从文本范围内延伸到了文本之外的现实世界，不仅研究在文本世界内怎样讲述故事，还要从文本外的现实世界获悉为什么要这样讲述故事。因此，自传成为连接文本世界和文本以外的现实世界的纽带，使文本内的故事和文本外的历史或现实的真实相互映照，形成鲜明对比。因此，解读自传更重要的是通过对为什么要这样写去理解作者是怎样写的。

---

① 高士其. 菌儿自传. 北京：光明日报出版社，2011：60.
② 许德金. 自传叙事学. 外国文学，2004，3：44-51.

2. 拟人化的表达

《菌儿自传》是为不会说话、不会写字甚至难以被人发现的"菌儿"写出它的独白，拟人的运用便不可避免。《菌儿自传》重点是对"菌儿"这一主人公的介绍，作者在文本内描写的所有故事都是为了突出主人公"菌儿"而安排的。因此，《菌儿自传》描写的重点在于塑造"菌儿"的形象，让人们通过认识文本世界中所构建的"菌儿"这一形象了解细菌学和微生物方面的知识。

"我的生活从来都是艰苦的。我曾在空中流浪过，水中浮沉，曾冲过了崎岖不平的土壤，穿过了曲折蜿蜒的肚肠，也曾饿在沙漠上，冻在冰雪上，也曾被无情之火烧，也曾被强烈之酸浸泡，在无数动植物身上借宿求食过，到了极度恐慌的时候，连铁、硫和碳之类的矿盐，也胡乱拿来充饥，我虽屡受挫折，屡经忧患，仍是不断努力地求生，努力维护我种族的生命，不屈服，不逗留。勇往直前往前迈进。我这样无时无刻不在艰苦的生活中挣扎着。我这样四方奔走，上下飘舞，都是为了吃的问题呀！"①这段文字道出了主人公"菌儿"谋生的艰辛。作者将细菌写成一个四处流浪以谋生计的"流浪汉"，每日过着水深火热、居无定所、吃了上顿没下顿的生活，最后一句话"我这样四方奔走，上下飘舞，都是为了吃的问题呀！"更是将流浪的困难和辛酸一语道出。然而，菌儿仍然为了生存而坚持、挣扎，不屈服、不后退，这不是与当时回国后，虽穷困潦倒、饱经挫折，但不改其志、顽强拼搏的作者很像吗？不是和那些与作者一样在当时恶劣的生存环境下依然志存高远的有志青年很像吗？然而，在写出"菌儿"这个坚强的"流浪汉"的同时，作者没有忘记介绍细菌的特征和适宜细菌生存的环境，如细菌怕冷、怕干燥、怕火、怕酸，常在动植物身上寄居，也能侵蚀矿盐。

"我那长年流落的生活，踏遍了现在世界一切污浊的地方，在臭秽中求生存，在潮湿中传子孙，与卑贱下流的东西为伍，忍受着冬天的冰雪，被困于燥热的太阳，无非是要执行我在宇宙间的神圣职务。我本是土壤的劳动者、大地的清道夫，我除污秽、解固体，变废物为有用。"②在这段话中，我们得知细菌的生长和生存必须在污浊、潮湿和臭秽的环境中，不适于在阳光、干燥和阴冷的环境中。在土壤中，它有去除污秽、分解固体、变废为宝的用处。在获知这些有关细菌学知识的同时，我们看到一位在极其恶劣的生活环境下，不同流合污，在污浊、卑贱之中却执行着除去污浊、卑贱的职责的勇士。结合作者回国后曾不满医院内腐败、污浊环境而愤然辞职的经历可以看出，作者对当时中国的社会环境很是不满，虽囿于当时污秽、黑暗的社会环境，但仍然不与之融合，甚至有志于去除污秽，充当"清道夫"的角色。

① 高士其. 菌儿自传. 北京：光明日报出版社，2011：65.
② 高士其. 菌儿自传. 北京：光明日报出版社，2011：2.

由此可见，作者既是在描写"菌儿"，也是在描写自己；既是在描写文本世界中的"菌儿"，又是在描写文本世界外的细菌，同时也是在写当时污浊的社会环境下生活着的人们。在这里，读者通过"菌儿"这一形象，不但懂得了细菌是怎么一回事，也获知了当时的社会环境及在当时的社会环境下生活的人是怎么一回事。因此，高士其在《菌儿自传》中的拟人化描写不仅是将细菌的世界呈现在读者面前，同时将当时的社会——人类的世界呈现在读者眼前。

3. 科普文中的科学诗

在《菌儿自传》中，"菌儿"时不时地来几句打油诗，显得俏皮而生动。"我正在水中浮沉，空中飘零，听着欢腾腾一片生命的呼声，欢腾腾赞美自然的歌声，忽然飞起了一阵尘埃，携着枪箭的人类骤然而来，生物都如惊弓之鸟四散了。逃得稍慢的一一遭难了。有的做了刀下之鬼；有的受了重伤；有的做了终身的奴隶；有的饱了饥肠。大地上遍满了呻吟挣扎的喊声，一阵阵叫我不忍卒听尖锐的哀鸣。我看到不平是落荒而走。"[1]

这首科学诗出现在《我的家庭生活》中，从这首科学诗中，我们可以知道是"菌儿"叙述自己原本在水中、空中、自然界中自由自在地感受自然和自然中的生命，然而在人类的破坏下，原本"欢腾腾"、充满"呼声"和"歌声"的自然变得荒凉，充满了哀鸣与呻吟之声。在这部分中，原本不为人所知、无忧无虑的"菌儿"被逮捕了，而这一科学诗便是与"菌儿"被逮捕、关进牢狱的命运相应和。同时，诗歌也描写了人类对于自然和生命的破坏，以枪声响起为界，将枪声响起之前和枪声响起之后加以对比，以一个短小的片段写出了人类破坏自然之残酷。然而，结合作者创作的实际细想，这样破坏宁静的枪声和在枪声下挣扎与死亡的生命，不是和当时的战争和在战争的摧残下落荒而逃的人们很像吗？

《菌儿自传》中，时常在行文过程中穿插着这样的科学诗，这些诗以短小精悍的特点概括了作者想要描写的内容，同时隐隐可见作者对生命、自然及当时他所处的社会的感受和思考。

4. 《菌儿自传》的意蕴

通过阅读《菌儿自传》我们可以知道，其重点是描写"菌儿"，是透过"菌儿"的游历、见闻和感想构建属于"菌儿"的故事。然而，在描写"菌儿"、介绍细菌的同时，作者也在描写和细菌有着紧密联系的人及人所组成的社会。

"这些近视眼的科学家和盲目的人类大众，都以为我的生存是专门和他们作对似的，其实我哪里有这等疯狂？他们抽出片断的事实，抹杀了我全部的本

---

[1] 高士其. 菌儿自传. 北京：光明日报出版社，2011：84.

相。我真有冤难申，我微弱的呼声打不进大人先生的耳门。""我那群野孩子们粗暴的行为虽时常使人类陷入深沉的苦痛，这毕竟是我族中少数不良分子的丑行败坏了我的名声。老实说这并不是我完全的罪过呵！我族群并不都是这么凶啊！"[1]在描写了细菌的危害之后，作者以这样一段话开启了对细菌益处的描写。"抽出片断的事实，抹杀了我全部的本相"，便是作者对人们错误看待细菌的概括。在作者眼中，任何事物都有好的一面，也有不好的一面。

　　然而，作者的目的似乎并不仅仅止于指出人们片面看待事物的错误。"喂！自命不凡的人类呵！不要藐视了我这低级的使命吧！这世界是集体经营的世界！不是上帝和任何独裁者一手包办的！地球的繁荣是靠着我们无贵无贱的都要共同合作的呵！"[2]在这段话中，"菌儿"的呼吁也是作者的呼吁。在作者看来，人们给细菌定罪的原因是细菌时常让人们不舒服。人们是站在自己的立场看待细菌的，以自己的观念和见识藐视细菌、判断细菌，给细菌定罪，甚至排斥细菌。"自命不凡的人类"是作者对人们的所作所为做出的评价。"菌儿"虽然"菌"微言轻，然而人们对待自然的态度不是也一样吗？甚至，在人类社会中，有些人在与他人的交往过程中，也往往是站在自己的立场看待和处理问题的，因此人与人之间往往会有这样那样的矛盾。

第三节　贾祖璋《鸟与文学》赏析

一、作者生平[3]

　　有这样一个小故事：小伙伴们远足登山时，忽然发现了松树枝杈上有个鸟窝，贾祖璋便三攀两爬上了树，从鸟窝里掏出了三个拇指大小的鸟蛋。正要下树，他突然看见一只灰褐色的母鸟在不远处凄厉地叫着。见此情景，他迟疑了片刻，便又把鸟蛋放了回去。小伙伴们不解地问他为什么，贾祖璋说："一个鸟蛋就是一条小生命，我们不能让它们失去妈妈。"[4]正值顽童期的贾祖璋就对鸟类、生命如此富有爱心，也许就是从那时开始的。后来，贾祖璋成为我国著名的科普宗师。

　　1901 年 9 月 24 日，贾祖璋在浙江省海宁州（今海宁市）黄湾镇的一个中医家庭呱呱坠地。他的父亲贾韵仙是当地有名的老中医，母亲唐氏则是一位性情温

① 高士其. 菌儿自传. 北京：光明日报出版社，2011：40.
② 高士其. 菌儿自传. 北京：光明日报出版社，2011：38.
③ 关于贾祖璋生平与《鸟与文学》成书背景的介绍，参考的文献是颜璐的《献身科普的编辑家——记贾祖璋先生》、贾柏松的《贾祖璋传略》等。
④ 贾柏松. 贾祖璋传略. 福州：福建人民出版社，2006：5.

和、吃斋念佛的传统女性。他们一家在当地的人缘极好。黄湾位于杭嘉湖平原东南侧，是个仅有百十来户人家的小镇，此处水清景秀，是典型的江南鱼米之乡。在这里除了家庭的浓浓亲情外，自然界的绚丽多彩及飞鸟、游鱼、知了这些小生命的神奇可爱也都给年幼的贾祖璋留下了深刻的印象。后来他的很多科普文章，像《萤火虫》《蝉》等作品中的许多景物，便是来源于儿时的亲身感受。也正是在这里，贾祖璋度过了美好的童年时光。

经过在家乡私塾、初小、高小的学习，15 岁的贾祖璋走出了家乡，考入浙江省立第一师范学校，受到了夏丏尊、李叔同、陈子韶等著名学者的教诲。夏丏尊倡导写文章要有感而发，言之有物，不喜欢长篇大论、内容空泛的作文，这一点对贾祖璋日后的写作大有助益。而陈子韶的鼓励更是激发了他的写作兴趣。有一次学校组织郊游，回来后贾祖璋就郊游的所见所闻写了一篇文章，陈先生大加赞许：作者笔有逸气，善学之，足以名家，幸自爱！李叔同的音乐、图画课也让贾祖璋受益匪浅。正是这些杰出的先生给予的悉心指导，为贾祖璋日后的科普写作奠定了良好的基础，同时开启了他远大的梦想。

正值青年时期的贾祖璋已立志做一个有益于社会的人，正如其在《言志》一文中所写："我 16 岁时就抱定了不愿生无益于世，死无闻于后的浑浑然虚此一生的心理。有这个心鞭策我，迫我总要择一种性近的学问来研究它。我是很爱自然的，很喜欢动植物的，何不将这个性去发展呢？于是就择定生物学为我终身研究的学问。"[1]于是，从浙江省第一师范学校毕业后，贾祖璋便满怀教育兴国、科学救国的理想抱负，意气昂扬地步入社会。1921～1923 年，他先后在浙江多地担任小学教师，教授国文、自然等课程。那段时间他的主要精力放在教学上，利用课余闲暇时间进行了科学小品写作的尝试，如他写的《钱江潮》就发表在《时事新报·学灯》上。

以商务印书馆、开明书店为起点的编辑工作，开启了贾祖璋的科普生涯，先是《鸟与文学》《鸟类概论》《碧血丹心》等著名的科普作品相继问世；尔后，《动物珍话》《达尔文》《笼鸟饲养法》等几部科普著作问世。此外，他还经常为科普小品专栏写稿，该专栏是由陈望道主编的《太白》杂志专门开设的。由于时局、个人经历的变化，贾祖璋在这一时期的写作题材和内容都有了新的变化。他以笔为枪，把科普知识与现实生活、国家民族的生存斗争联系起来，去唤醒民众、讨伐敌人，形成了独具特色的抗战文学，对民众起到了鼓舞和教育的作用。

历尽世事沧桑，终于迎来了新中国成立的曙光，贾祖璋也开启了崭新的编辑和写作生涯。他先后在中国青年出版社、科学普及出版社担任编辑业务方面的领导工作，并在国家大发展大建设、提倡科学的潮流的推动下，积极参与了一系列

---

[1] 贾柏松. 贾祖璋传略. 福州：福建人民出版社，2006：5.

大型科普丛书的编辑工作，进一步积累了经验，开阔了视野。在"文化大革命"期间，尽管处境艰难，但贾祖璋并没有虚度光阴、停止探究。他不仅经常到野外的果园、田园或菜园去观察、记录各类植物的生长状况和昆虫鸟类的繁衍生息动态活动，还尽力搜罗了在那时所能找到的关于农技和科学等方面的书籍来阅读与学习。在被下放到福建平和县的 6 年时间（1970～1976 年），贾祖璋笔耕不辍，坚持写下 50 多本的阅读笔记。也正是这一时期的用心实践和辛勤阅读，为他的科普新创作积蓄了丰富的素材，使他在即将到来的科学春天的园地可以再次播种、收获。

到了 20 世纪七八十年代，已年过七旬的贾祖璋满怀激情，老当益壮，在我国科普的园地再创辉煌。《花儿为什么这样红》喜获全国新长征科普创作一等奖，《南州六月荔枝丹》《蝉》等被选入中学语文课本。贾祖璋晚年创作的这些作品，除了科学性外，更富有文学的诗情画意之美，后结集为《生物学碎锦》和《花与文学》，广为后人传诵。贾祖璋富有远见卓识，为我国的生态环境保护、野生动物保护等提出了宝贵的意见。

二、成书背景

出版于 1928 年的《鸟与文学》是贾祖璋的成名作，开创了他科普写作生涯的第一个高峰。他为了写好这部作品也是经历了呕心沥血的准备期。

1924 年贾祖璋在上海商务印书馆仪器标本制作所担任标本仪器检定员，主要负责在各种动植物标本和人体生理模型上粘贴各种符号标志，并保证鉴定无误，这就需要识记各种动植物名称。虚心好学的贾祖璋边干边学，在标本制作过程中需要经常接触各类鸟类标本，他对这些标本进行了深入细致的观察，对各类鸟的形态、习性等都做了详细的记录，日积月累的用心付出，不仅增加了他对鸟类科学知识的认识，也培养了兴趣，激发了写作鸟类方面文章的欲望。他尝试性地写作了《杜鹃》《鸳鸯》《燕》等科学小品，部分作品刊发在胡愈之主编的《东方杂志》上。后来，他又读了美国人密勒氏写的关于鸟类的两本著作《鸟类研究》和《普通鸟类》，发现里面很少有关于中国人熟悉的鸟类，于是萌生了翻译改写这两本著作的念头。他想要用通俗的文字介绍一些中国人熟悉的鸟类，以便我国青少年了解、热爱鸟类。后来在商务印书馆做编辑时，他有感于当时科学读物太少，大部分又是译介西方的，虽然这些知识也对国民有一定的启蒙价值，但明显地存在脱离我国实际的缺点，且可读性差，在这种念头的激发下，他完成了《鸟与文学》。

《鸟与文学》是我国鸟类科普读物的首开之作，1931 年由开明书店出版后，就在科普界与文学界引起轰动，并风行一时。贾祖璋也因此书而一举成名，享誉文坛。此书出版至今已有 90 年，后多次再版。《少年博览》副主编莫幼群说："真要感谢贾祖璋先生，写出了《鸟与文学》这样的书。贾祖璋的名字大家并不陌生，中学语文课本选有他的文章。贾祖璋先生探求的是中国古代文学、民间文化与鸟的关系。也正是因为有贾祖璋这样的饱学之士，以自己的丰富学养和专业知识，为读者提供了独特的视角，才使文学变得不再那么狭隘，而是更加'立体'起来。"①

三、作品分析

（一）内容简介

在《鸟与文学》中，作者采用横面浏览式的书写方式，以科学的内容为基础，采用文学诗意性的语言，分别记载了我国常见的燕、鸧鸹、黄鸟、鸺鹠、伯劳、画眉、戴胜、翡翠、杜鹃、鸤鸠、鸠、鸥、鹤、秧鸡、孔雀、鹧鸪、雁、凫、鸳鸯、鹭 20 种鸟类，虽然不算全面，但却具有代表性。这部作品不仅注重介绍近代关于鸟类的科学研究成果，严谨地说明它们的名称、种类、习性、形体、生活及其与人类的相处关系等，还收集整理了诗歌、辞赋、史籍、笔记、神话传说、民间故事传说等有关鸟类的记载和描写。

具体到每一类鸟，作者又根据其特点划分出若干特色篇目来分别介绍。以杜鹃为例，就分类为望帝春心托杜鹃、不如归去、啼血深怨、杜鹃花、日本式的风趣、别名种种和杜鹃何鸟七类，不仅显得条理清晰，还突出了杜鹃作为"悲鸟"意象的特色。在每一类鸟的篇目之前，作者都会用优美的文学语言，对其进行一番生动的描述，以吸引读者对该种鸟类产生兴趣。另外，作者旁征博引，引用众多的文学作品与古代典籍，介绍和归纳它们的多种别名，详细地分辨这些命名所代表的不同种类。最精彩、最可贵的是，作者收集整理了中国历代文学作品中关于鸟类的篇章，包括释名、杂记和诗词章句，尤其是众多的诗词名句，作者不遗余力地旁征博引，在带给人强烈的文学审美感受的同时，展现了中国古代文学与花鸟山水自然的密切关系。另外，作者介绍了许多相关的民间传说和民间故事，以增加文本的趣味阅读。

（二）作品赏析

"事物的文学背景愈丰富，愈足以温暖润泽人的心情，反之，如果对于某事物毫不知道其往昔的文献或典故，就会兴味索然。故对于某事物关联地来灌输些文

---

① 王乐. 30 部必读的科普经典. 北京：北京工业大学出版社，2006：80.

学上的文献或典故，使对于某事物得以扩张其趣味，也是青年教育上一件要务。祖璋的《鸟与文学》，在这个意义上，不失为有价值的书。"①正如著名文学家、教育家夏丏尊所言，《鸟与文学》是一部文学性极强的科普作品。文学是语言的艺术，《鸟与文学》的文学性首先就在于其语言的诗意化上。

贾祖璋具有深厚的古文化素养，作品中的语言颇有古诗词的韵味。

自从春风吹醒了芳草以后，依依袅袅的杨柳垂枝上的点点银色芽苞中，抽放着浅黄嫩绿的新叶；秃濯僵立的桃李枯丫间，也点缀着娇红洁白的花葩。当晶莹和暖的阳光照耀万物的时候，在这红桃绿柳中间，更容易瞥见一种呢喃软语，轻扬梭穿的鸟类，那就是燕子。它是我们最熟知的一种鸟类，你看："燕燕于飞，差池其羽。""燕燕于飞，颉之颃之。""燕燕于飞，上下其音。"（《诗经·邶风》）两千余年以前的诗人，已经能够这样细腻地描写它的生活情形了……②

这是《鸟与文学》开篇对燕子的描写。寥寥几笔，作者就把燕子这种鸟类的特征和动人之处及其文学魅力勾勒了出来。而此书中类似于这样的语段可以说比比皆是。

用作者的话说，"这是想用较有趣味的文字来写科学书"的一种"尝试"③。所以作者一反普通生物科学类图书刻板无味的文风，采用散文诗般的语言，深入浅出地引领我们走进了鸟类的世界。

中国文人多爱花草鸟兽，有关鸟类的书写也是古文化长河中的一片激浪。无论是"关关雎鸠，在河之洲""喜鹊枝头报春来"，还是"塞下秋来风景异，衡阳雁去无留意""枯藤老树昏鸦，小桥流水人家"，这些诗句无不浸染了人们浓浓的情感。贾祖璋写《鸟与文学》就是把鸟类科普知识融入我国古典文化的意蕴中，故引经据典是其艺术特色。

在介绍到每一类鸟时，作者都会使其与我国的古典文化相联系，广泛征引中国历代文学作品中关于这些鸟类的篇章，包括释名、杂记和诗词章句，尤其是众多的诗词名句。在《杜鹃》中，作者就引用历史上关于杜鹃鸟的各类诗词曲赋与神话传说，以生动活泼的形式阐释了"啼血深怨""不如归去""望帝化鹃"等充满凄婉哀怨的典故的由来和意蕴。

蜀客春城闻蜀鸟，思归声引未归心。却知夜夜愁相似，尔正啼时我正吟。（杜牧《杜鹃》）

千年冤魄化为禽，永逐悲风叫远林。愁血滴花春艳死，月明飘浪冷光沉。凝

① 王乐. 30 部必读的科普经典. 北京：北京工业大学出版社，2006：83.
② 贾祖璋. 鸟与文学. 上海：上海古籍出版社，2001：14-15.
③ 贾祖璋. 贾祖璋全集. 福州：福建科学技术出版社，2001：1.

成紫塞风前泪，惊破红楼梦里心。肠断楚辞归不得，剑门迢递蜀江深。（蔡京《咏子规》）

夜入翠烟啼，画寻芳树飞。春山无限好，犹道不如归。（范仲淹《越上闻子规》）

一叫一声残，声声万古冤。疏烟明月树，微雨落花村。易堕将干泪，能伤欲断魂。名缰惭自来，为尔忆家园。（余靖《子规》）①

又如在"燕子"一节的开头，作者引用众多的文学作品与字词典籍，介绍、归纳了燕子的十几种别名，还详细地分辨了这些名字所代表的不同种类。

社燕"巢于梁间，春社来，秋社去，故谓之社燕。栖于崖岩者为土燕。"（《广雅》）

土燕　见社燕

"石燕似蝙蝠，口方，食石乳汁。"《广志》云：燕有三种，此则'土燕乳于岩穴者'是矣。"（《本草纲目》）

石燕　见土燕。越燕"燕有两种，紫胸轻小者是越燕，有斑黑而声大者是胡燕。陶隐居曰：'越燕多在堂室中梁上作巢；胡燕多在檐下作巢'。"（《本草纲目》）②

这样引经据典来印证现代科普的知识，既可使读者轻松地了解科普，又使读者获得了文学审美的陶冶。丰富地引用、化用典籍，可以说是《鸟与文学》最精彩可贵的地方。作者不遗余力地广泛征引，带给我们强烈的文学审美感受，显示出我国独具特色的"鸟文化"及中国古代文学与花鸟山水自然的密切关系。作品诗情画意之美的构建，可以说颇得力于作者对古典诗书的精妙之用。读《鸟与文学》，我们就像徜徉在中国古典诗文里，周围满是鸟儿的歌鸣，或悲或喜，都富有情韵，还有它们那曼妙的舞姿，更令我们沉醉。

此外，作品还引用了许多相关的民间传说和民间故事，如在翡翠、鹭等章下都单节专设"神话"，雁、伯劳等章下都单节专设"传说"一节。下文是"衔芦的传说"里的部分内容（关于大雁的）。

在雁之来去的现象中，古人还有一个奇怪的传说：他们以为"雁自河北渡江南，瘦瘠能高飞，不畏缯缴。江南沃饶，每至还河北，体肥不能高飞，恐为虞人所获，尝衔芦长数寸，以防缯缴焉"。（《古今注》）③

在此传说之后，作者给出了科学辩证，"照现在推想起来，雁类自江南还河北达塞外，适当营巢育雏的时节，所以衔芦拾草，是事实上所可有的现象。不过决

---

① 贾祖璋. 鸟与文学. 上海：上海古籍出版社，2001：42.
② 贾祖璋. 鸟与文学. 上海：上海古籍出版社，2001：20.
③ 贾祖璋. 鸟与文学. 上海：上海古籍出版社，2001：187.

不会用以避增缴或助风力耳"①。相信看到这里，很多读者都会会心一笑，这一笑中有恍然大悟的欣喜，更有对作者良苦用心的钦佩。由此可见，作者并不是对古籍的单纯引用，还以科学的态度进行了精确的考辨。作者借故事的方式，对大雁衔芦的现象做了科学的解释，这样不仅增加了阅读的兴趣，又于趣味中普及了科学知识。

此外，书中写到了伯劳鸣声尖利的来由，鹬蚌相争、杜鹃啼血的典故，苦恶哀鸣的传说等。这些传说、神话极大地增强了作品的故事性，增加了阅读的通俗性和趣味性；展示了这些鸟类在我国文化中所蕴含的独特意象，像鸳鸯象征夫妻恩爱，看到杜鹃会联想到啼血染红……都是颇具中国特色的文化。

读《鸟与文学》你会感受到，贾祖璋笔下的鸟，都是穿越历史的隧道而来，带着古色古香、诗情画意灵动活泼地出现在我们面前。中国古代文学一向有以花鸟兴寄的传统，贾祖璋先生正是结合了我国文学这独具特色的一面，把每种鸟都赋予了中国的文化内涵，在传播科普知识的同时，展示中国文化的博大内涵。贾祖璋的这种用文学的美来传递科学知识的写法，在我国科普创作历史上是具有奠基性和首创性的。钱定平就评价道："这本书是一个科学上美艳多姿的惊喜，是一篇文学上博洽多闻的范文。"①

文学除了拥有外在的、实用的、功利的价值外，更为重要的是拥有内在的、超越功利的精神性价值，即隐藏在文本表层之下的意蕴价值。作为我国现代科普开创经典的《鸟与文学》，表面上看只是介绍关于鸟类的知识并借此梳理了我国文学中的"鸟文化"，但其实在此之下倾注了作者很深的情感及价值判断，甚至其中涵盖了人类的社会规则，而这也正是其历经数载魅力依存的原因。

作者当时尝试写《鸟与文学》，是带着一种强大的历史使命感，一腔为祖国科普建设而献身的热情的。成长于我国20世纪二三十年代的贾祖璋，目睹并体验了民众生活的种种苦难，深感民智未开、国家落后皆因政治腐败、科学不昌明。在《鸟与文学》的序里夏铸先生曾这样表述过，"文学不能无所缘，文学所缘的东西，在自然现象中要算草、虫、鸟最普通……民族各以其常见的事物为对象，发为歌咏或编成传说，经过多人的歌咏及普遍的传说以后，那事物就在民族的血脉中，遗下某种情调，呈出一种特有的观感。这些情调与观感，足以长久地作为酵素，来温暖润泽民族的心情……"②作者这份饱含深情的民族使命感和爱国爱民的人文主义情怀，不仅当时对增强民族自尊心、自信心和凝聚力起到了潜移默化的作用，时至今日仍能震撼人们的心灵。

阅读《鸟与文学》就会发现，每只鸟都是灵动飞翔的，因为作者不是把它们

---

① 钱定平. "春眠不觉晓"的科学人文. 百草园，2003，11：61-62.
② 贾祖璋. 贾祖璋全集. 福州：福建科学技术出版社，2001：1-2.

当作科学标本一样来研究，而是把鸟真正地作为人类的朋友，满怀深情地注视着它们，和它们交谈。作者对鸟类、生命的那种敬畏与热爱，在文中处处可寻。"我们要彻底了解燕为益鸟，真实地加以保护才是。须知要在我们的保护之下，才能见到它们翩翩飞翔的可爱的姿态。"[①]如此朴实的言语下赋予的正是作者对鸟类、生命的挚爱。作者的作品还涉及倡导科学、破除伪科学和迷信邪说，人与自然、生态环境等诸多方面，因为作者要书写的不仅是鸟、鸟与文学，还寄寓了劝导人们爱护自然、保护鸟类的意识，也是作者对科学的反思，对科学与人生、人类发展的关注。文中所体现出的那种科学的求实精神和人文的悲悯情怀，对于保护生态环境与野生动物，促进人与自然和谐相处，都有现实意义和有益的启示。

《鸟与文学》在带给我们鸟类知识和文学陶冶的同时，会让我们从作者那里获得一种美好情感的感染，让我们更加热爱美丽的自然，让我们去欣赏、认识并保护自然，作者这种拥抱生命、拥抱爱的温暖情感，为我们传递了积极的正能量。这才是这部作品的真正魅力所在：不仅要让我们获得科普知识、体味科学的魅力，还要让我们领会到，科学也是充满温情的，科学之于人类并不是冷酷和冰凉的，而是像寒冷的冬日里的火焰，带给我们心灵的温暖和唯美的遐想，激发着我们长出想象的翅膀，带着那份对自然的敬畏与热爱去飞翔。

第四节　康拉德·劳伦兹《所罗门王的指环》赏析

一、作家生平[②]

1903 年 11 月 7 日，劳伦兹出生于美丽的维也纳爱丁堡，有着一个与自然和谐相融的家。劳伦兹孩提时代就热衷于观察和饲养各种动物，这为他以后的动物行为学研究奠定了基础。劳伦兹在自传中写道：我认为，童年发生的事对一个人在科学和思想上的发展是至关重要的；我在爱丁堡长大，我父母在那儿有一座很大的屋子，花园就更大了，我对动物表现出非同寻常的兴趣，而他们对此极度宽容；我的保姆莱西·弗林格出生于有教养的老式农民家庭，在抚养动物方面特别能干，仿佛拥有"绿拇指"[③]。父亲在宽容对待劳伦兹兴趣的同时，培养着劳伦兹对动物或者说对生命的尊重与热爱。"有一次父亲在维也纳树林里散步时，带回来

---

① 贾祖璋. 鸟与文学. 上海：上海古籍出版社，2001：2-3.
② 关于康拉德·劳伦兹生平与《所罗门王的指环》成书背景的介绍，参考的文献是李智红的《与动物亲密对话——重读〈所罗门王的指环〉》等。
③ 绿拇指，出自法国杜恩的《绿拇指的男孩》，意指养花高手。

一只身上有点点的火龙（一种蜥蜴），命令我 5 天之后放掉它。我的运气特好：这只火龙产下了 44 只卵。我们（其实是莱西）将其中的 12 只成功孵化成形。这次成功也许已足够确定我将来的事业方向了。"①

在劳伦兹还不能独立阅读时，家人就开始为他讲述关于动物的故事了，尤其是瑞典女作家塞尔玛·拉格洛夫的《尼尔斯骑鹅旅行记》。这部描述与鹅结伴旅行的童话作品对劳伦兹的触动极大，使其对鹅痴迷不已。少年劳伦兹从此渴望变成一只野鹅，后来发现这是根本不可能的。绝望中的劳伦兹想，自己要是能拥有一只野鹅也行。然而他发现，这也是不可能的。于是劳伦兹决定养几只家鸭。从邻居那里，劳伦兹得到一只刚孵出来一天的小鸭仔。令他极为兴奋的是，它把它的亲情反应转移到了劳伦兹身上。正是这次铭记在心的经历，使他的兴趣不可逆转地固定在水禽上面。

10 岁时，劳伦兹开始阅读威尔汉姆·博斯赫的作品。他从中看到一张始祖鸟的照片后，开始接触进化论。而在当时，思想自由是奥地利的特色，因此，中学时代的劳伦兹可以从老师菲利普·赫伯代那里学习达尔文的进化论和物竞天择观。他立志成为一名古生物学家。1922 年从维也纳中学毕业的劳伦兹，遵照父亲的意愿前往美国哥伦比亚大学学医。在学习期间他发现，相较于古生物学，胚胎学和比较解剖学更适合生物的行为模式研究，因此劳伦兹开始关注解剖学，同时学习心理学。两年后他返回奥地利维也纳大学继续深造。1928 年大学毕业后，劳伦兹留校任教并研究比较解剖学。他用比较解剖学的方法研究动物的行为，并获得了博士学位。20 世纪三四十年代，动物行为研究开始引起人们的兴趣，行为生物学不断向广度和深度发展，而这也是劳伦兹观察和研究最重要的一个时期。1935 年，《鸟类的社会行为》出版，这是劳伦兹应用比较方法研究动物行为的典范性著作，获得了世界瞩目。该书比较研究了 30 多种鸟类，分析了鸟类的各种行为功能及引起这些行为的条件，对行为学研究起到了巨大的推动作用。1936 年，劳伦兹抚养了对其学术生涯有着重要作用的雁鹅"玛蒂娜"，并在与廷伯根的合作中形成了与巴甫洛夫反射理论相反的行为自发性概念。

1942～1944 年，劳伦兹度过了一段颇具争议的日子，在纳粹服役做军医。在此期间，劳伦兹接触到精神分析学领域的专家韦格尔博士，掌握了精神病方面的第一手资料，这成为日后他涉足社会领域、反思人类文明的知识背景。劳伦兹在《所罗门王的指环》中也多次写到对生命与自由的理解："话说回来，我们人不也有这类盲目的、本能的反应吗？当我们听惯了一种宣传之后，即使是敌人的假象也会使我们义愤填膺呢！这和穴乌看到了黑的泳裤就起哄又有什么分别？要不是

---

① 拉格洛夫. 尼尔斯骑鹅旅行记. 北京：高等教育出版社，2008：1-2.

这样，世界也不会总有战争了。"①

1948 年劳伦兹回到阿尔腾堡，在朋友的资助下继续行为学研究，被任命为阿尔腾堡比较行为学研究所所长，出版了至今畅销的《所罗门王的指环》。1951 年劳伦兹与马克斯·普朗克在布尔德恩创办比较行为学系。1958~1973 年，他在马克斯·普朗克行为生理学研究所工作，后在奥地利比较行为研究所工作，直到退休。1973 年，劳伦兹与弗里希和廷伯根因对动物行为模式的研究而同获诺贝尔生理学或医学奖。

对于劳伦兹，无论是欧洲的自然行为学家还是美国的实验心理行为学家，都将其作为现代行为生物学的奠基人。朱利安·赫胥黎②甚至称他为"现代行为学之父"，德国《明镜》周刊则评论他是"动物精神的爱因斯坦"。

二、成书背景

《所罗门王的指环》作为动物行为学研究的代表作，其创作初念，却是一个劳伦兹要和人们"分享的笑话"。一天，劳伦兹和助手在田野拍摄灰雁，助手本想用"呱，咯咯咯咯"的野鸭叫声赶走讨人厌的野鸭，不想却错用了灰雁的"嘟嘟嘟"的语言和它们对话。因此，劳伦兹希望能和大家一起讲讲动物的私生活，他自问道："难道把自己在干些什么，用一种外行人也能了解的话说给大家听听，不也是科学家的责任吗？"③劳伦兹说："在生物学的众多分支当中，我选择动物行为学作为我终生研究的领域，也正是基于我对这种乐趣的深刻体会。为了研究动物行为，你必须和活生生的动物建立亲密关系；你还得具有超人的耐性——若只是为了理论研究的兴趣，实不足以维持你的耐性。如果对动物你没有爱心，不把动物看作人类的近亲朋友，就不要奢望与动物确立相互信任的关系，更不要幻想在研究方面获得重大的收获。"④对此劳伦兹更是信誓旦旦地说："这点你们完全可以放心，我就是这样的人。"⑤

其实关于动物行为学的书已经汗牛充栋了，然而这些书良莠不齐，甚至有些书中错误百出。为此劳伦兹表达了自己的愤怒："我生平所写的第一本书固然是源自我对动物之爱，更是源于我对民间流行的动物行为学著作的愤怒。我必须承认，如果我这一生当中曾经因为愤怒而做出什么事，纯是由于看不惯这些动物书籍的胡扯。我为什么生气？因为有这么多糟透了的、虚假不实的动物学著

---

① 劳伦兹. 所罗门王的指环. 游复熙，秀光容译. 北京：中国和平出版社，1998：252.
② 英国生物学家、作家、人道主义者，与劳伦兹亦师亦友。
③ 劳伦兹. 所罗门王的指环. 游复熙，秀光容译. 北京：中国和平出版社，1998：9.
④ 劳伦兹. 所罗门王的指环. 游复熙，秀光容译. 北京：中国和平出版社，1998：6.
⑤ 劳伦兹. 所罗门王的指环. 游复熙，秀光容译. 北京：中国和平出版社，1998：3.

作，这样的书到处都买得到；因为有这么多欺世盗名的作家，装出一副非常内行的样子，其实对动物根本就一无所知。"①正是在这种愤怒下，劳伦兹用他的生花之笔将本来严肃的科学著作，以一种趣味盎然的动物研究故事的形式呈现在大众面前。也正是劳伦兹的真情写作，使得《所罗门王的指环》自 1949 年出版以来便畅销不衰，并被纽约图书馆评选为 20 世纪 10 本最佳自然科学著作之首。1998 年，该书在中国出版后，连登各大书店排行榜首。2000 年，科学技术部、中国科学院、中国科学技术协会将其推介为 20 世纪科普佳作之一。

这些赞誉也肯定了劳伦兹的创作初衷："希望我没有糟蹋了这本书，即使我承认，我是基于愤怒才写出这样一本书的，可是这种愤怒，其实正是出于我对动物之爱啊！"②

三、作品分析

（一）内容简介

出于对动物的爱，劳伦兹一改科学家严肃、呆滞的刻板形象，用一种充满动物情趣的故事性语言，为一般读者和大众写了这本介绍动物行为的通俗自然科学著作——《所罗门王的指环》。劳伦兹为什么会给这本书取名为"所罗门王的指环"呢？他这样解释道："所罗门王能够和鸟兽虫鱼交谈。这事我也会，虽然我比不上所罗门王，能够和所有的动物交谈，而只能和几种我特别熟悉的动物交谈。这点我承认，但是我可不需要魔戒的帮助，这点他就不如我啦！要不是靠魔戒的力量，就算是最亲密的宠物，老国王也听不懂它在说些什么。而且，当他不再拥有魔戒时，他甚至会硬着心肠对待动物……所罗门王可能是极聪明，也可能极笨，这点我不敢说。照我看来，需要用到魔戒才能和动物交谈，未免太逊色了一点。活泼泼的生命完全无须借助魔法，便能对我们述说至美至真的故事。大自然的真实面貌，比起诗人所能描摹的境界，更要美上千百倍。"③从中我们可以看出，劳伦兹其实也有一枚"魔戒"，那就是一颗对动物的爱心，正是这样的爱心使劳伦兹能和动物亲密交往，演绎出动人的故事。

初看书名，你或许并不知道这本书要讲什么，但你一定知道这样一个人与动物的故事：一只小雁鹅出生时第一眼看到的是一个长胡子的老头，便将他当作了雁鹅妈妈并从此跟定它，他稍微离开就会惹得小家伙嗷嗷大哭，累得他狼狈不堪，而他也在与小家伙的交往中渐渐学会了它们的"字眼"和"语言"，和它们建立了

① 劳伦兹. 所罗门王的指环. 游复熙，秀光容译. 北京：中国和平出版社，1998：4.
② 劳伦兹. 所罗门王的指环. 游复熙，秀光容译. 北京：中国和平出版社，1998：6.
③ 劳伦兹. 所罗门王的指环. 游复熙，秀光容译. 北京：中国和平出版社，1998：2.

亲密的关系。这个故事就来自《所罗门王的指环》。而这本书的绝大部分也都是在讲这样一个和动物交流的故事，正像书的副标题"与鸟兽鱼虫的亲密对话"。而为了能够和动物"对话"，劳伦兹不惜做出种种疯狂的行为：为了吸引小鸭子前进，劳伦兹需要趴在地上"嘎嘎"地叫；为了给穴乌上套环且不被它记仇，他穿着魔鬼服爬上树端，被人发现还要扭一扭；为了找回鹦鹉，他甚至在人群中对着天空发出杀猪般的叫声，等等。

劳伦兹说："你如果想真正了解一个智力高、精力足的生物，唯一的方法就是让它自由活动。"[①]正因如此，劳伦兹让他的研究对象处于野生的状态，行动完全自由。因为只有在完全自由的状态下，动物才会充分展现出它们的本性和行为，展示出它们的多样性个体。而给动物自由换来的却是一连串让人啼笑皆非又情味十足的趣事：鹦鹉会啄下老父亲衣服上的扣子，还要将其排成一个个几何图案；雁鹅不经主人同意私闯卧室，陪着主人夫妇过夜；僧帽猴会趁你不注意撕书，塞进鱼缸，当发现你生气时，它却在一旁痴痴地笑。也正是这些动物的自由行为成就了劳伦兹的研究，使我们知道世上还存在"印记学习机制"和"释放因子"等生物现象。你会在书中了解到：灰雁的幼雏怎样通过印记学习把劳伦兹当作自己的母亲，寒鸦怎样把他当作领导人和伙伴，却把其他类似于乌鸦的鸟作为飞行伙伴，并把劳伦兹家的女仆视作"恋人"；一条斗鱼或一只狼的某种态度或动作是怎样起到了"释放因子"的作用，促使或禁止同类的其他个体做出战斗反应。

尽管动物行为研究道路艰辛，甚至会遭遇严酷事件，劳伦兹却认为这一切都是值得的，他说："人和野生动物居然能建立起真正的友谊……这种体会真使我非常快乐。"[①]

（二）作品赏析

一部自然科学著作，通常语言是艰涩的，满目冷冰冰的专业术语。《所罗门王的指环》则不然，劳伦兹以充满感情和幽默的文字写作，正如他和动物之间的盎然情趣。俄国著名文学批评理论家巴赫金就曾说："文学中的语言有两种存在形式，而在其他领域中只有一种。在所有其他领域中，语言（表达的手段）仅仅指向事物，为一定的目的而表达一定的内容。而这种针对事物和目的的指向，也正决定了表达手段的选择，也就决定了风格。"[②]

类似的充满幽默与温情的拟人化语言，在文中更是比比皆是。这里摘录一段劳伦兹对斗鱼的描写。

① 劳伦兹. 所罗门王的指环. 游复熙，秀光容译. 北京：中国和平出版社，1998：5.
② 巴赫金. 巴赫金全集. 第四卷. 石家庄：河北教育出版社，1998：15.

过了几天，另外一条次大的雄鱼也长成了，它鼓起勇气把对面的一个角落占了。这两条雄鱼现在面对面像两个对垒的武士一般。国界设在第二个武士的城堡附近。双手不敌四拳，那可怜的单身汉自然打不过那对新婚夫妇，因此它的领土范围也小得多。现在我们就把这单身汉称作二号吧，它每天从自己的城堡游到对面，想把邻居的太太勾引过来。虽然它一试再试，却是一点用处也没有——每次它把美丽的鱼鳍打开，她就劈面照它的腹部刺出一剑，同样的情况持续了几天。终于，第二条雌鱼也穿上了婚服。可惜这位新近及笄的雌鱼和雄鱼二号竟然彼此无缘。她一再地想要引起雄鱼一号的注意，每次一号向"家"的方向游去，她就痴痴地跟在后面，好像是它的新娘一般。雄鱼一号的妻子每次一见她就狠狠出击，雄鱼一号虽然每次都帮妻子拒敌，它对雌鱼二号的攻击却并不激烈。①

拟人化的表现手法使得《所罗门王的指环》读起来趣味十足。劳伦兹是真正熟悉动物的，但他一再强调自己的身份只是一名自然科学家，而不是艺术家，因此他完全没有艺术家的自由创作，或者是对动物任意加以塑型的特权，而且完全不认为有这方面的需要，"因为真相本身就已经很迷人了，你只要举出事实（正如进行任何严谨的科学研究工作一样），就已经足够向读者说明动物的美了"②。

劳伦兹也曾承认，自己童年的心理发展就受到过两本关于动物的童话故事的影响，一本是拉格洛夫的《尼尔斯骑鹅旅行记》，一本是吉卜林的《丛林奇谈》。在这两本书中找不到一件有关动物的科学事实，劳伦兹却认为它们的作者是"有资格可以把动物渲染得比它们真的样子更多姿多彩"。因为"他们说的是神仙故事，我们却因此对野生动物的情态有一种真实的意象"，所以尽管劳伦兹一再强调自己写作的真实性，并信誓旦旦地说，"这本书所能存留的一点吸引力，就全在它的严格纪实上"，但故事性的艺术语言及表现手法早就渗透到劳伦兹的字里行间。这也正如巴赫金所说的："艺术形象的本质便是如此，我们既在其中又在其外，既能生活于其内部又能从外部观察它。艺术形象的本质就在于这是一种双重的体验和观察……并将这两个方面结合成一个高度统一的形象。"③

劳伦兹非常喜欢在文中引用诗人的文句。他把诗句或用作开篇引语，例如，第二章"快乐从鱼缸开始"引用歌德《浮士德》中的诗句，"万物相形以生，众生互惠而成"，用来说明鱼缸中斗鱼的生活习性；或在正文中引用，例如，第十一章"老家人"就引用拜伦的名作《唐璜》，"心灵的流露，是最雄辩的答案；短暂的注视，是最相近的答复"，用来揭示雄鸟求爱时"眼睛的语言"。对吉卜林、莎士比亚、柯勒律治、马洛、朗费罗、布鲁克的诗句他都是随手拈来，尤其是"湖畔诗

① 劳伦兹. 所罗门王的指环. 游复熙，秀光容译. 北京：中国和平出版社，1998：71.
② 劳伦兹. 所罗门王的指环. 游复熙，秀光容译. 北京：中国和平出版社，1998：4.
③ 巴赫金. 巴赫金全集. 第四卷. 石家庄：河北教育出版社，1998：32.

人"华兹华斯的诗句,更是深得劳伦兹的喜爱。正因为如此,劳伦兹成就了《所罗门王的指环》自然真实的科学性,也成就了它风格鲜明的文学性。

《所罗门王的指环》虽然大量地运用写实的手法描写动物的行为研究,但在充满情趣的字里行间,我们仍能感受到劳伦兹笔下的人文情韵。正如南帆所说:"读者每一次遭遇文本,都可以从文本中找到不同的兴奋点,从而对文本做出别样的解读。"①又如赵义良在《老故事的新读法》中写道:"一部人文经典,自其诞生之日起,就预留了无限广阔的阐释空间。从不同视角出发,可以看到不同的风景,读出不同的意蕴。正是在这各不相同的阐释之中,人文经典获得了永久的生命力。"②作为一本动物行为研究的科普作品,《所罗门王的指环》有着劳伦兹强调的动物行为真实性,但在这种真实性的流露中,我们往往体会到的也是一种褪去了社会文明包装的自然人性。

劳伦兹常年在家散养许多动物,尽管有些动物或有残忍行为,如在人类文明中象征和平的白鸽,其实生性好斗,会将同一笼子里的小鸟全都啄死,但劳伦兹却并不刻意强调这些恶意,而是用一种满怀爱意和崇敬的感情展示动物身上的美德,使人们感受到大自然的温情脉脉。正如陈太胜所说:"对于一部文学作品而言,它使用的语言的真正意义往往要在'言外之意'中寻找。这种'言外之意'恰恰是一部文学作品的真正意义所在,我们可以将这种意义称为'意蕴'。"③在展示自然温情的同时,劳伦兹也对人类的现代文明流露出一种失望,如《所罗门王的指环》中说:"人类为了得到文明和文化的超然成就,就不得不有自由意志,更不得不切断自己和其他野生动物的联系。这就是人所失掉的乐园,也是人为文明不得不付出的代价。我们对于世外桃源的向往,不外是我们对这条断了的线头,表示一种半知觉式的依恋。"④或许这也可以解释为什么劳伦兹偏爱华兹华斯,崇尚自然、呼吁逃离人类现代文明的华兹华斯,更符合劳伦兹的自然行为研究旨趣,所以劳伦兹在文中多次引用他的诗句来注释。

从上文我们已经了解到,第二次世界大战时劳伦兹曾支持纳粹,虽然是出于对自己研究的需要,但战争的残酷及法西斯泯灭人性的行为,不能说不对劳伦兹产生了巨大的心灵刺激。正如劳伦兹在书中的最后一章"道德与武器"中所认识到的:"只有一种生物,他的武器并不长在身上,而是出于他自己的工作计划。因此,他的本能里没有相当的禁忌可以阻止他滥施杀伐,这种生物就是人。因为没有节制,他的武器在多年来不知道增加了多少倍,变得多么可怕。可是与生俱来的冲动和禁忌就像身体的构造一样,并不能说有就有,必须要慢慢发展;它们所

---

① 南帆,刘小新,练署生. 文学理论基础. 北京:北京大学出版社,2008:44-46.
② 赵义良. 老故事的新读法. 博览群书,2009,2:61-65.
③ 陈太胜. 作品与阐释:文学教学引论. 广州:广东教育出版社,2006:21.
④ 劳伦兹. 所罗门王的指环. 游复熙,秀光容译. 北京:中国和平出版社,1988:351.

需要的时间只有地质学家、天文学家才算得出来，是历史学家难以想象的。而且我们的武器并不是天赋的，而是出于我们的自由意志，自己制造出来的。"①

正是因为人们有了这种"自由意志"，却并没有能够节制人类自由意志的禁忌，使得人类在短短 30 年间就经历了两次人类历史上最为惨痛的战争行为。也正是在这人类经历生死考验及知识文明爆炸的年代，劳伦兹继续着自然行为研究，希望能从和动物的亲密接触中重新认识人类，认识人类文明。作为对人类文明的反思，劳伦兹于 1973 年出版了《人类文明的八大罪孽》，历数现代文明下的人类自身生存与灭亡的八大问题：因为没有节制，人类的数量急剧暴增，从而为争取生存空间互相侵犯；自然生存空间遭到破坏，使得人类在文明的外衣下人性异化；人类自身的竞争使得对真正的价值视而不见，如其宣称"除了雄性野鸡的翅膀之外，现代人类对工作速度的追求可谓事务中内部选择最愚蠢的产物"；人类困苦中无法享受快乐的脆弱情感导致人类的退化；遗传的蜕变使人类文明规则受到压力；抛弃传统使青年一代形成认同障碍；人类可灌输性的增强，导致舆论呈现一种公众性的"一致化"；而"核武器"的存在使得人类存在于世界末日的恐惧中。因此，劳伦兹呼吁："不知道我们将来做哪一桩事更容易一些：继续发展武器呢，还是培养与发展武器一起的自制力和责任感？没有这种禁忌，人类一定会用自己创造的东西毁灭自己；因为我们没有本能可以依赖，我们必须有意地培养出这一类的约束和禁律。"①

劳伦兹在动物行为研究上取得了巨大成就，凭此获得了诺贝尔生理学或医学奖，然而在动物行为研究下的劳伦兹，却看不懂人类的社会性行为。因此，劳伦兹不无忧虑地用这样一段话结束了《所罗门王的指环》：

我们将来总会碰到作战的双方都有能力将对方歼灭殆尽的一天，也许有一天我们人类自己就会分成像这样敌对的两个集团。到时我们是学鸽子呢，还是学狼？整个人类的命运可能就决定在这个问题的答案上。②

第五节 加德纳《啊哈！灵机一动》赏析

一、作家生平③

马丁·加德纳，美国数学家、数学科普作家。1914 年 10 月 21 日，加德纳出

① 劳伦兹. 所罗门王的指环. 游复熙，秀光容译. 北京：中国和平出版社，1998：353.
② 劳伦兹. 所罗门王的指环. 游复熙，秀光容译. 北京：中国和平出版社，1998：354.
③ 关于加德纳生平与《啊哈！灵机一动》成书背景的介绍，参考的文献是王青建、王茜的《数学传播大师——马丁·路德纳》等。

生在美国俄克拉何马州塔尔萨的一个富裕家庭。父亲从事地质研究，在华盛顿大学取得地质学博士学位后担任菱锌矿勘探员。[1]父亲对写作的兴致颇高，不时向地质期刊投稿。母亲是一位幼儿教师。

加德纳从小就十分聪明，思路开阔，不同寻常。幼年时，由于父亲经常给孩子们表演魔术，加德纳对魔术产生了兴趣，并成为终生爱好，成年后还写了一些关于魔术的书。[2]加德纳读高中时就喜欢数学和物理学，成绩优异。读芝加哥大学时，他最初选的是物理专业，后来逐渐对哲学产生了浓厚兴趣，因而改读哲学，1936年获哲学学士学位。第二次世界大战后，他曾回母校攻读哲学院硕士研究生，由于各种原因终究未能取得学位。因此，哲学学士学位是加德纳获得的最高学位。在芝加哥大学，对加德纳有很大影响的是他的偶像、科学哲学家、逻辑实证主义学者鲁道夫·卡尔纳普。[3]另一位实证主义者伯特兰·罗素也是加德纳崇拜的偶像。加德纳参加过这两位教师主持的讨论班，受他们的影响，放弃了基督教信仰。在进入大学之前，他还是一个有神论信仰者，相信上帝创造世界的神话。在大学中，他的信仰改变了，成了一位彻彻底底的怀疑论者，或者说是无神论者。

1957年，一个偶然的机会，加德纳史无前例地在《科学美国人》杂志上开辟了一个数学游戏专栏，正是这个专栏奠定了加德纳在趣味数学领域举足轻重的地位。从1957年第一期开始，他一直写到1980年年底，整整24个年头，几乎月月有文章，前后加起来有200多篇。[4]

除了在数学领域有所建树外，加德纳在其他方面也成就突出。作为一个研究数学的人，凭借着对卡洛尔作品的爱好，他热情地为《爱丽丝漫游奇境》加上了详尽的注释，这就是加德纳的《注释本爱丽丝》。1960年，加德纳历尽艰辛终于为该书找到了出版商。这本书的内容非常精彩：不仅介绍了作者背景，还解释了书中的历史、传说和诗歌、学者的评论及存在争论的某些情节，甚至还挖掘出了一些隐藏在文本之中的文字，这些文字就类似于中国的"藏头诗"。凭借这本书所取得的成就，加德纳一跃成为世界上最有名的卡洛尔研究专家。

他就是这样一位神奇的人物。他开辟的数学游戏专栏，使无数人领略到数学的无限魅力，从而义无反顾地走进数学的殿堂；他设计的谜题由浅入深，即便是数学大家也会对他肃然起敬；他的作品中蕴含深刻的哲理，总能让人们受益匪

---

① Hargittai I. A great communicator of mathematics and other games: A conversation with Martin Gardner. The Mathematical Intelligencer, 1997, 19（4）：36-40.

② Jackson A. Interview with Martin Gardner. Notices of The American Mathematical Society, 2005, 52（6）：602-611.

③ 王青建，孙茜. 数学传播大师——马丁·加德纳. 自然辩证法研究，2010, 26（12）：98-103.

④ 李慕南，姜忠皓. 一口气读完科普经典. 长春：北方妇女儿童出版社，2012：98.

浅。他是魔术师，轻轻松松破译了众多魔术背后的秘密；他是揭露者，让一切伪科学和所谓的"科学家"无地自容。他不是一个传说，却是一个永久的传奇。他的一生横跨两个世纪，影响了至少三代美国人。正如他的继任者物理学家道格拉斯·霍夫斯塔特所做的评价，"加德纳先生是无可替代的""他是数学的大功臣"[①]。

二、成书背景

有些人抱怨加德纳严厉、呆板、无趣，然而他带你走进的那个数学王国却丰富多彩，饶有趣味；他的作品"风光"无限好，可以带领读者神游世界各地，但他本人却甚少出门；他潜心著书上百本，甚至还写童话，目前除了阿西莫夫的作品数量能超过他以外，无人能及。在世人的印象里，他是世界上著名的科普作家之一，与卡尔·萨根、艾萨克·阿西莫夫、理查德·道金斯等齐名，享誉全世界。加德纳叱咤美国科普界数十年，不仅才华横溢，而且文理双栖，被史蒂芬·古尔德誉为"美国的国家财富"，获得的荣誉无数，他曾经连获美国物理学会及美国钢铁基金会的优秀科学作者奖，他的肖像曾在《生活》杂志及《新闻周报》上刊登过。

在众人眼中，数学是高深莫测、枯燥乏味的代名词。但对加德纳而言，数学妙趣横生、乐趣无穷。他从小就对数学游戏有着非同一般的兴趣，并且爱好魔术。之后，他一直非常关注科学与数学的刊物。他经常接触那些有趣的文章和探索性的数学杂志，这也为他开辟《科学美国人》上的这个知名专栏打下了坚实的基础。

毋庸置疑，加德纳开辟的数学游戏专栏，成为当时最受欢迎的栏目，也成了《科学美国人》杂志中一道最亮丽的风景线。通过这个专栏，他向读者介绍了很多内容，包括纸制折曲式人像、伸屈时能使面孔变换、康威的游戏人生、多联骨牌、棋类游戏"纳什"（也被称为"十六进制"，有时被称为"约翰"）、七巧板、彭罗斯点阵、密码翻译法与密码术、艾舍尔的作品、分形等。[②]在潜移默化中，加德纳把许多普通人带入了数学领域。他说，唤醒学生的最好方法是向他们提供有吸引力的数学游戏、智力题、魔术、笑话、悖论、打油诗或那些呆板教师认为无意义而避开的东西。[③]他日后的工作也为这句话做了最好的诠释。在数学的王国里，他游刃有余，却让读者深陷其中，废寝忘食，不能自拔。在这个王国里，他孜孜不

① 莫言溪. 让数学变成游戏的魔术师——马丁·加德纳. 大科技（百科新说），2012，6：60.
② 李正伟. 马丁·加德纳与他的"数学游戏"专栏回顾. 科普研究，2009，4（2）：56-60.
③ 马丁·加德纳. 啊哈！灵机一动. 李建臣，刘正新译. 北京：科学出版社，2007：前言.

倦，笔耕不辍，并且为之奋斗终生。后来，他将此栏目的作品汇集成册，共出版了 15 部著作，其中 1978 年出版的《啊哈！灵机一动》一书，迄今已有中文、法文、日文、德文、俄文等译本。

加德纳在数学科普方面建树卓越、成就突出。因此，1987 年美国数学学会的斯蒂尔奖和 1994 年的数学交流奖都授予他。与此同时，小行星 2587 也被命名为"加德纳星"。

三、作品赏析

（一）内容简介

《啊哈！灵机一动》一书内容丰富，由简到繁，无奇不有。最简单的有算术、代数等，高深莫测的有拓扑学、超穷数等，覆盖面广泛，热点众多，令人爱不释手、叹为观止。每位读者都能从书中找到适合自己口味的篇章。此书精选了一些貌似复杂、实则简单的问题。如果你真的循规蹈矩地按照常规方法去解决，它们确实是难以解决的问题。但如果你打开思路，跳出常规解题的模式，就能发现问题的解决非常简单。《啊哈！灵机一动》精选的问题主要分成 6 类，即组合、几何、数字、逻辑、程序及文字，这些构成了该书 6 个章节的内容。

《啊哈！灵机一动》作为 20 世纪的科普经典，实质上是一部科学人文问题的精选集。就整本书而言，作者围绕六大部分从具体到抽象逐个问题展开论述。就每一章而言，开头部分都有大段的关于章节所叙述内容和方法的内容提要，并对出现在章节中的一些方法做出阐述和说明，并联系章节中将出现的实际案例对这些方法做出内在的区分，从一般到特殊逐一指出。

由于该书所涉及的每一类内容的外延都较宽广，因此不同类之间的交叉重叠也在所难免。有时在这一类中讨论的问题，在下一类的某个地方有可能还会涉及。对每一个问题，加德纳都进行包装，给它们配上一个个生动有趣的故事，然后使读者围绕着这个故事去解决问题，以娱乐创造轻松的环境氛围激发读者超常的思维，寓教于乐，让人受益匪浅。

除此之外，该书中提出的每个问题都配有加拿大画家吉姆·格林绘制的简笔示意图，问题之后还附有说明。这些说明使问题逐步深入，会把读者带入五光十色、扑朔迷离的现代数学王国。[1]

加德纳同时是一位让数学变得十分有趣味的人，这一点最能让人记住他。[2]在

---

[1] 马丁·加德纳. 啊哈！灵机一动. 李建臣，刘正新译. 北京：科学出版社，2007：前言.
[2] 吕吉尔. 马丁·加德纳（1914—2010）. 世界科学，2010，11：48.

他的笔下，数学不再高深莫测，不再枯燥无味，不再抽象无物，而是贴近我们现实生活的，是颇有趣味的，是具体生活的繁衍物。例如，在讲述一个推理问题时，加德纳把背景设置在火星，医生面对移民到此的地球人遭受传染病侵袭又缺少医疗用品时，如何扭转危局，情节曲折，扣人心弦。[①]又如，你是一名出租车司机，你有一辆黄黑色的车，且已用了 7 年，挡风玻璃上的一个刮水器坏了，化油器也需要调整，水箱可装 20 加仑[②]的水。然后问你：司机有多大年龄？这道题特别具有欺骗性，尽管它在逻辑上是完美的、协调一致的。因为开始已经告诉你，你就是司机，所以，你的年龄就是司机的年龄。这种有趣的具有蒙蔽性的问题只不过是《啊哈！灵机一动》中的一个例子而已。

用书中的问题来考考你的朋友，或许会给你和你的朋友都带来极大的乐趣。一般情况下，他们苦思冥想却不得其解，最终知难而退，便会向你索要答案。如果这时你告诉他答案，他们往往会瞠目结舌，继而赧然失笑。

《啊哈！灵机一动》一书语言诙谐幽默，浅显风趣，通俗易懂，文笔生动，深入浅出。加德纳的文章不仅能满足社会各阶层人们的阅读需要，更能紧紧抓住青少年读者。因此，书中所涉及一些闻名于世的数学趣题，很注重读者类型，突出文章的趣味性，雅俗共赏，使读者情不自禁地摩拳擦掌、跃跃欲试。书中所讨论的数学问题既可以作为大众的休闲游戏，又可以成为把普通人带入数学世界的导向标。

（二）作品特色

1. 幽默智慧的语言

科普文学作为文学的一个类别，同样是语言的艺术。"作家萧乾曾将文学作品的语言比喻为有待兑现的'支票'，而将对于文学作品的鉴赏形象地比喻为'经验的汇兑'。"[③]他说："文字是天然含蓄的东西。无论多么明显地写出，后面总还跟着一点别的东西：也许是一种口气，也许是一片情感。即就字面说，它们也只是一根根的线，后面牵着无穷的经验。文字好像是支票，银行却是读者的经验库。'善读'的艺术即在如何把握着支票的全部价值，并能在自己的银行里兑了现。"[④]《啊哈！灵机一动》的语言幽默诙谐，朴实简洁，明白晓畅而又不失生动。它不需要读者有多么深厚的文学鉴赏功底，只要求读者有日常生活的积累，具备一般的语言逻辑性思维能力，就能读懂。

① 加德纳. 所罗门王的智慧——加德纳博士的36道推理谜题. 叶发根译. 上海：世界图书出版公司，2004：11.
② 1 加仑（英）＝4.546 09 升.
③ 王先霈，王耀辉. 文学欣赏导引. 北京：高等教育出版社，2005：5.
④ 龙协涛. 鉴赏文存. 北京：人民文学出版社，1984：455.

非但语言有逻辑，一切数学问题都是建立在基本的逻辑规则上，通过演绎推理方式解决的。通过语言的逻辑来传达或是表现思维推理的逻辑，顺着语言，我们可以进行思维的逻辑性推理，不需要靠任何算法或者程序去解决问题，找到了语言上的窍门，就能迅速发现加德纳隐藏在数学游戏中的正确答案。

2. 示意图的形象性

书中出现的每个问题都配有加拿大画家吉姆·格林绘制的简笔示意图。这些生动形象的简笔示意图，让人忍俊不禁的同时，更引起浓厚的阅读兴趣。初读此书时，你会一边拍案叫绝，一边说"我怎么没想到"。读着读着，你会惊喜，"我也能那么去想问题了！"灵机一动，让你换一种思维方式，让你豁然开朗，备受启发。

3. 数学问题的故事性

对于书中出现的每个问题，作者都力争从有趣的故事出发，围绕着这个故事展开，使我们在愉悦的氛围中饶有兴趣地解决问题。因为"故事突出的是事件本身，所以故事的吸引力及其蕴意取决于事件本身"[①]。加德纳独具匠心地将一个个问题包裹在生动有趣的贴近现实生活的故事中，引人入胜，让读者在欣赏这些有趣故事的同时协调好自己的情绪，保持愉悦，激发出自己的超常思维。对创造性思维的研究表明，创造能力与幽默有着内在关系，一些奇思妙想与人的精神愉悦有关。具有创造性能力并能突破常规思维解决问题的人似乎是这一类人：他们喜欢向问题提出挑战，就像有的人执着于棒球或者象棋比赛一样，闲暇游玩的愉悦形成了灵感产生的氛围。[②]总而言之，通过讲述故事来营造一个使人产生灵感的轻松氛围，有利于问题的解决。比如，该书中围绕河马讲述了一个在没有天平的情况下，如何称量物体重量的问题，由此可见《啊哈！灵机一动》数学问题故事性的特点。

4. 故事文本的虚构性

除了故事本身所具有的吸引力，这些故事还具有虚构性的特征。换而言之，《啊哈！灵机一动》中所有的故事都是加德纳为配合问题的需要而虚构的，是不真实的。因为"文学的虚构性显示了文学活动的主体性特征"[③]。这些故事并不是客观现象如实投射于人的大脑的产物，而是在主体的积极参与下，通过虚构的方式形成的，并需要为主体的实践活动服务。这些故事，听起来似乎都与我

---

① 王先霈，孙文宪. 文学理论导引. 北京：高等教育出版社，2005：48.
② 马丁·加德纳. 啊哈！灵机一动. 李建臣，刘正新译. 北京：科学出版社，2007：前言.
③ 王先霈，孙文宪. 文学理论导引. 北京：高等教育出版社，2005：17.

们的日常生活和科学生活相关，就好像发生在我们身边。它来源于生活，但又有别于生活。

5. 叙述的细节化

这些虚构出来的故事，并不是杂乱无章且冗长的，而是具有细节化的特点。换言之，这些故事在叙述时都很注重细节。因为在有些推理问题中，故事中流露出的一些细节往往是侦破这个疑难的关键所在。比如，在书中出现的一个关于推理的谜题——狡猾的出租车司机，如果你注意到了这个细节：在女士上车之后，司机知道她要去哪儿，并且把她送到了目的地。由此便可说明，该司机并不聋。

加德纳在讲述故事的同时，塑造出了一系列的人物形象，例如，经常有一些奇特想法的奎伯教授、聪明可爱的鲍勃和海伦、善于解决问题的心理学教授等。这些人物都聪敏而机智，带领读者一同开动脑筋，打破惯性思维而产生智慧的火花。

6. 《啊哈！灵机一动》的人文意蕴

"科学技术好比一把双刃剑，这即是说科学技术是人类认识和改造自然的有力工具，合理利用科学技术，将为人类谋利益；选择不当，它也会以其负面效应危害人类。"[1]因此，如果人类"一味地依赖计算机，人的聪明才智就会消失，人的创造能力也将泯灭，这岂不是人类的悲哀？"[2]这就要求科学工作者必须为他们的科技行为承担相应的道德责任。

《啊哈！灵机一动》给人们带来智慧和启迪。它的主旨就在于训练创造性思维，突破常规思维模式的框架，提高巧解问题的能力。

第六节　费尔斯曼《趣味地球化学》赏析

一、作家生平[3]

在美丽的黑海边上，一个小男孩正在弯腰挑拣一颗颗精致的石子。他一刻不停息地挑拣着，直到日暮时分，才把自己精心挑选的"宝石"带回家，摆在床边的小储物柜里，静静地观赏。他就是那个一生与石头结下缘分的人——费尔斯曼。

---

① 王玮玮. 浅析科学伦理道德与科技进步之间的关系. 贵州教育学院学报(社会科学版), 2006, 22(1): 39-41.

② 马丁·加德纳. 啊哈！灵机一动. 李建臣, 刘正新译. 北京：科学出版社, 2007：前言.

③ 关于费尔斯曼生平与《趣味地球仪学》成书背景的介绍，参考的文献是宋建潮的《石头的诗人——地球化学先驱费尔斯曼的故事》等。

费尔斯曼是苏联矿物学家、地球化学家。1883 年 10 月 27 日，他出生于俄国圣彼得堡，童年是在黑海岸边——克里木的辛菲罗波儿和敖德萨度过的。美丽的黑海孕育了他对矿物的灵性，激发了幼小的他探寻石头的兴趣。中学毕业后，费尔斯曼进入新俄罗斯大学，两年后，转入莫斯科大学自然系学习他喜爱的地质专业。在知识的海洋里，费尔斯曼废寝忘食地学习有关矿石的专业知识和基础操作。他很幸运地遇到了一位使他终身受益的老师——维尔纳德斯基，这位著名的矿物学家告诉费尔斯曼，不仅要研究矿物的性质特征，还要研究它们的内部运动，只有弄清楚它们的成因及内部规律，才能找到埋藏它们的地方。正是老师的一番语重心长的话，使他斗志昂扬地投入对地球王国的探索中，寻找开启矿物宝藏的钥匙。年轻时期的费尔斯曼十分注重理论知识与野外勘探实践的结合，经常在实验室熬夜工作到深夜。他专心致志地对矿物元素进行分析、测定，几乎每次都没留意校工的检查。当他被迫离开实验室之后，仍要到博物馆继续工作，从不间断。费尔斯曼在大学期间就到过乌拉尔山进行野地勘探实习。他经常穿着浅色衬衫，戴着一顶蓝色遮檐的帽子，背着背包，披荆斩棘地行走在密林里进行野外考察。

费尔斯曼孜孜不倦的努力终于获得了回报。1907 年，他尚未毕业时就与德国学者霍尔塞密特合作写了一篇有关金刚石的专论。除此之外，他还发表了关于矿物学、结晶学和化学等方面的几篇论文，并且获得了矿物学会颁发的安齐波夫金质奖章。费尔斯曼从莫斯科大学毕业后就去了国外留学。回国后他开始任教，1912 年被选为教授并在同一年担任矿物学博物院院长。此时他开始讲授一门全新的课程——地球化学，这在科学界史无前例。1912 年，费尔斯曼带领科学院一个专门勘查队到乌拉尔的伊尔明山进行勘查。勘查使他感触很深，强烈呼吁俄国的矿物学家必须把注意力放在这些矿床上，查明和研究其中的矿物和它们的形成条件，造福于俄国人民。他还创办了第一所莫斯科人民大学，热情地向广大的人民群众普及科学知识。1919 年，费尔斯曼被选为苏俄科学院院士，担任科学院博物馆馆长。在此期间，他不停地奔波在科学院与野外之间，足迹遍及中亚细亚、乌拉尔、外贝加尔、希宾等辽阔的领域，因而被学者们亲切地称为"球状闪电"。1920 年秋天，费尔斯曼率领第一支勘察队来到希宾，他们像勇猛的战士征服了沼泽、漂石和冰穴坑碛，于 1925 年发现了一个巨大而优良的磷灰石矿床，还有铜矿、镍矿和其他有用矿等新的矿藏。1924 年，费尔斯曼进入中亚细亚进行地质勘探，历尽艰辛在卡拉库姆沙漠发现了十分珍贵的硫矿床。1935 年，费尔斯曼与矿物工作者开始了南乌拉尔的探矿长征，发现了 10 种不同类型的伟晶花岗岩，并在对此的研究中发现了地球内部元素迁移的新规律，这些规律正是费尔斯曼多年来想要寻找的地球内部的"钥匙"。

费尔斯曼一生写了许多语言通俗、妙趣横生的科普读物，如《趣味矿物学》《趣味地球化学》《岩石回忆录》《乌拉尔——苏联的宝库》《宝石的故事》等。《趣味矿物学》和《趣味化学》是费尔斯曼的两部代表作，这两本书风靡全球，被公认为世界科普名著。《地球化学》一书成书于 1939 年，成为当时地球化学的权威著作，对地球化学的发展具有里程碑意义。它的出版使外国学者承认俄罗斯学者在创立这门学科方面所具有的优先地位。伦敦地质学会因此授予了费尔斯曼最高的地质奖章——沃拉斯顿地质奖章。1940 年写成的《科拉半岛的矿产》一书，在 1942 年获得了斯大林奖金一等奖。在生命的最后历程，他还在努力写作一本关于指出矿物原料的新前途和矿物技术学的新道路的书。费尔斯曼的精力和大部分时间都献给了自己所热爱的勘查事业。

二、成书背景

19 世纪的俄国矿物学进展缓慢，科学家只注重矿物的外部特征及结晶形状和分类方法的研究。20 世纪俄国著名化学家维尔纳德斯基给矿物学的发展带来了勃勃生机。他开始把矿物当作天然的化学反应的产物来研究，寻找它们产生、生活及转变成其他矿物的规律。早在 18 世纪，俄国科学家罗蒙诺索夫就已经得出了"金属会从一个地方转到另一个地方"的天才结论，他说矿物是由于地壳进行了变化而生成的，这个概念奠定了 20 世纪新兴学科——地球化学——的基础。直到 1838 年，瑞士化学家绍本才真正提出"地球化学"这个概念。但是，所有的想法都是到门捷列夫发现元素周期表后，才有了事实的依据，地球化学过程的研究才真正成为可能。费尔斯曼对这门新学科产生了浓厚的兴趣，他坚信这是一门有前途的学科，经常向身边的矿物科学家强调："矿物只是各种元素暂时稳定的结合体，所以我们不但要研究矿物的分布和生成的情况，而且还要研究元素本身，元素的分布、变化和生活。"[①] 为了寻找开启"地球宝石"的钥匙，费尔斯曼以充沛的精力和饱满的热情穿梭在苏联辽阔的疆域进行野外矿物勘探，他到过科拉半岛的希宾苔原、炎热的中亚西亚的卡拉库姆沙漠、外贝加尔密林地区、乌拉尔东部山坡、南乌拉尔等地区。在那里，他和矿物勘察队员发现了磷灰石、硫黄和镍矿等稀有矿床，为苏联的工业发展注入了巨大的活力。他以祖国的利益和荣誉为自己前进的动力，并不断地号召苏联有志青年增强科学的创新意识。

《趣味地球化学》是关于地球内部化学元素的形成和变迁史的，费尔斯曼在这部作品里充分地展现了非凡的文学天赋，不愧被托尔斯泰称为"写石头的诗人"。这位天才的作家将趣味性、文学性和知识性融合起来，让读者遨游在美妙奇幻、优美的知识天地里。天空中烧焦的陨石颗粒落下的瞬间在他的描绘中成了一场光鲜闪亮的"陨石雨"，自然中的萤石晶体在他的笔下呈现出五彩斑斓的色彩，光鲜

---

① 费尔斯曼. 趣味地球化学. 石英, 安吉译. 北京：中国青年出版社，2011：4.

亮丽，可见费尔斯曼对自然界的矿石饱含深情。《趣味地球化学》还没完成，费尔斯曼就去世了，书中有几章是由他的朋友补充完成的。该书第一版于1948年由拉祖莫夫斯基教授按照费尔斯曼原来的想法并对其材料进行补充与完善之后编辑出版，后来相继于1950年、1955年和1959年三次修订再版。《趣味地球化学》一问世，就吸引了很多读者的眼球，成为人们公认的科普名著，被翻译成多国文字，畅销世界各地。该书以通俗易懂、妙趣横生的语言，巧妙的构思，深入浅出地向人们介绍了地球化学的奥妙，吸引了各阶层的读者，激发了他们对地球化学的兴趣和热情，尤其是引领和鼓舞青少年走上探索科学的道路。费尔斯曼在序言里提到过编著《趣味地球化学》的动机。前几年他写了《趣味矿物学》，收到学生、工人和各科专家几百封来信，在这些信里看到他们是那么真诚地热爱岩石，那么迷恋岩石研究和岩石使用的历史。一部分孩子的来信，流露出热情、勇敢、朝气、毅力，他被这些信件所吸引，所以决定给未来的一代再写一本书，激发他们对科学、矿物学的热情，立志为科学事业奋斗，为祖国谋福利。费尔斯曼还想把少年朋友培养成年轻的矿物工作者。正是出于对祖国与科学的热爱，费尔斯曼才写出如此宏伟的著作。

三、作品分析

（一）内容简介

《趣味地球化学》主要由"原子""自然界里的化学元素""自然界里的原子史""地球化学的过去与未来"四篇内容构成，主要介绍了自然界中元素和同位素的组成和分布、地质作用中元素的迁移和共生组合规律、地质运动过程中元素的演化和循环的历史等科学知识。

在第一篇中，费尔斯曼首先回答了什么是地球化学、地球化学研究的对象和任务，让读者对地球化学有了大致的了解。然后费尔斯曼以三幅漂亮的插图，讲解原子对物质的构造，以及利用原子的性质规律为人类造福。费尔斯曼还利用乌拉尔山的形成过程，形象地说明门捷列夫元素周期表排列的规律。

在第二篇中，费尔斯曼主要讲解了若干个具有典型意义而又应用广泛的化学元素——硅、碳、磷、硫、钙、钾、铁、锶、锡、碘、氟、铝、铍、钒、金和稀有的分散元素，介绍了每个化学元素在地球上的含量、存在状态、发展史、对动植物的重大意义、在工农业上的用途及对人类文明进程的影响。

在第三篇中，费尔斯曼介绍了自然界的原子史。包括陨石的种类、形成过程、内部结构及所含的化学成分；地下原子在地壳内部的构造作用；地球上原子形成最初的单细胞生物的历程；"空气里的原子"讲的是空气里的重要成分，氧和氮在自然界和工业的作用；"水里的原子"讲的是矿泉水的成因和水生植物对天然水成分的影响；"地球表面的原子从北极地带到亚热带"讲的是原子的化学反应造成地表景观的巨大差异；"活细胞里的原子"讲的是生物对岩石的生成有怎样的影响、某些化学元素的集中或分散、有些在水里的物质的沉淀，以及从生物的石灰质骨骼生成石灰岩的作用；"人类史上的原子"讲的是不同特性的化学元素在不同工业部门中的应用，例如，镁成为飞机制造业中使用的良好金属，钨和钼是制造各种样式的钢的良好材料；"战争中的原子"介绍了战争中用到的重要战略储备原料，如铁、铝、镁、锌等，以及制造战争装备的原子材料，如镍、锰、钼等。

在第四篇中，费尔斯曼向我们介绍了地球化学的发展史、今天的化学和地球化学的概貌，也提到了化学元素和矿物质的命名方式。在该书的最后，费尔斯曼带领读者解读门捷列夫的元素周期表。

（二）作品欣赏

《趣味地球化学》运用文学的形式介绍科学知识，具有鲜明的文学性与科学性。品读这本书，就像在欣赏一部管弦乐，读者不得不为费尔斯曼渊博的知识、卓越的审美感受力、高超的创作技巧和艺术传达力所折服。

费尔斯曼既然将这本书称作《趣味地球化学》，那么他所认为的"趣味"体现在哪里呢？我们来看看具体例子就明白了。来看一下他是怎样介绍"我们周围的原子"这一节的。在作品开头他向我们呈现了三幅画面。第一幅是他描绘的地质作用形成的山顶湖泊，"蓝色平静的水面，周围是石灰岩的断崖，那些墨绿色的斑点是一些孤立的树木，而高空还照耀着南方明媚的阳光"[1]。美丽的湖光山色在他的笔下唯美而富有诗意，带给我们的是一场视觉与幻觉盛宴。我们一边吮吸着科学知识的甘露，一边享受着文学带给我们的审美感受，这就是费尔斯曼语言的文学气息。在描述完三幅图画之后，他用极具亲和力和互动性的话语说："你们看过这三幅图，老实告诉我你们的想法，你们对于这些图里的哪些地方感兴趣，你们有什么问题要问……"[1]你是不是觉得费尔斯曼极像一个引领者，在给我们做现场的讲解和互动呢？这种语言的运用立刻增添了文章的活力，它让读者与作者开始互动。紧接着费尔斯曼话语一转："可是我所要对你们讲的完全是另一回事，我想让你们用另外一种眼光来看这三幅图画。请听我说。"[1]激发读者的兴趣，使读者带着疑问继续读下去。"这湖里隐藏着多少奇妙的地质学上的问题啊！……这块又大又深的洼地是怎么形成的呢，什么东西把这片蓝色的水拦蓄在塔什克山岭上陡峭的断崖当中呢？要知道从山顶到湖底有两三千米；什么样的巨大力

---

[1] 费尔斯曼. 趣味地球化学. 石英，安吉译. 北京：中国青年出版社，2011：17.

量能使岩层隆起产生褶皱呢？"①他引用矿物学家的话，将一连串问题摆在读者面前，这种独特的语言表述，引起了读者强烈的好奇心，吸引读者探寻这极为平常的物质背后的奥秘，由此揭开生活现象的神秘面纱。

我们再来看看第二幅图画背后的知识性与趣味性。费尔斯曼首先设置了一个悬念——"巨大的塔似的高炉，里面装满矿石、焦炭和石块；粗大的管子伸到炉子里，送进去压缩的热空气。那是做什么用的呢？炉子里面铁在熔化，焦炭在燃烧，一团团灼热的气体喷出来发着红光，这是怎么一回事呢？"①为了揭开这一科学现象，费尔斯曼解释道，这是一个原子实验所，铁矿石里的铁原子企图赶走氧原子。为了形象地说明实验过程，费尔斯曼给读者讲了阿辽努什卡让蚂蚁帮助她从谷堆里拣出沙子的故事。他说人们用同样的原理，利用自然的风力和火力迫使硅原子硬把氧原子从铁原子里抢走，这样表述读者就豁然开朗了。费尔斯曼还怕读者不理解，又用拟人的形象手法讲述了硅原子和碳原子是怎样帮助铁原子抢走氧原子的。"那么打败了氧的那个朋友，是什么物质的原子呢？是两种物质的原子——硅原子和碳原子。它们紧抓住氧，比铁抓得更紧……于是硅又来帮忙：它短小精悍，生成容易熔化的矿渣，让矿石熔化，把氧抢过来交给碳。"②读到这里，你一定觉得很有趣吧！你眼前是不是浮现出硅这个活灵活现的小精灵大汗淋漓地拼命抢夺氧的情形呢？你肯定佩服作者的文学天赋吧！在这节的末尾，费尔斯曼热情洋溢的话语十分振奋人心："到处都是原子——而人就是原子的主人！……如果说，塔什克山顶湖是在歌颂着耸起断崖和造成洼地的强大的自然力，那么工厂和汽车便是工业交响曲，是在歌颂着人的天才的威力，歌颂着人的劳动和智慧。"②费尔斯曼激动、赞叹的心情溢于言表。

费尔斯曼还运用比喻的修辞手法，将抽象的知识形象化，增加内容的趣味性。他在介绍闪锌矿"有限的可混性"这个概念时，就采用了一个很有趣的比喻。"譬如有一个空的狐狸穴，不论老鼠或是熊都不能利用它来藏身——熊到冬天需要一个比较宽的洞；只有大小和狐狸差不多的野兽才能利用这个狐狸穴。"②这个形象的比喻很好地诠释了闪锌矿只能容纳和它差不多大小的元素，使这个概念变得容易理解了。费尔斯曼还采用文学的叙事手法，再现了门捷列夫发现元素周期律的始末，语言如行云流水一般。由此，门捷列夫在读者的心中留下了深刻的印象——一位刻苦钻研的科学工作者，日复一日，他的钻研精神极大地感染了读者，使他们内心陡然升起对科学的崇敬之情、对科学家的爱戴之意。

《趣味地球化学》还有一个明显的特征，就是融故事性与虚构性于一体。费尔斯曼在书中穿插了很多带有趣味性的故事，典型的就是关于"钒"的传说。在远

① 费尔斯曼. 趣味地球化学. 石英，安吉译. 北京：中国青年出版社，2011：17.
② 费尔斯曼. 趣味地球化学. 石英，安吉译. 北京：中国青年出版社，2011：21.

古时候北方一位女神与一位坚持敲她房门的美男子相遇并相爱，最后两人结合，生了一个儿子叫作"凡娜吉"——这就是钒。虽然这只是一个美丽的传说，但却隐含了科学家发现钒的艰辛经历，耐人寻味。科普读物中的故事情节增添了文章的趣味性，在给人审美感受的同时富含一种审美意蕴。一些抽象的化学知识是人们无法经历的，只能靠虚构来想象。比如，原子世界是我们无法亲身感受和看到的，费尔斯曼便通过大胆的想象，将有趣的一幕展现给我们。他说："读者们，伸出手来。我带你们到平常不理会的一个极小的世界里去。"[①]此时，他引导我们进入了原子世界。

费尔斯曼通过虚构的手法向我们展现了原子生活的环境。我们在他的引领下，身体缩小到一定的限度，我们看到了细胞，听到了原子世界的声音，感受到原子对我们身体的冲击力，多么有趣的幻想啊！领略了原子世界的风采后，费尔斯曼又带领我们去体验门捷列夫元素周期表里的世界。这可是比原子世界丰富得多的另一番天地！它是我们周围世界里最美妙的景象。跟随费尔斯曼的想象，我们站在了元素周期表的底端，看到了地下深处迸发的岩浆，感受到了岩浆灼热的温度；接着，我们来到了岩浆冷却后形成地下岩石、晶体矿藏的一层，看到了地下矿泉水，矿泉的气泡构成的沉积岩；我们终于冲出地下，站在了元素周期表的顶端，感受元素氢在空气里燃烧成水蒸气。多么神奇的旅行啊，就像真的一样！如果简单的一张元素周期表摆在我们面前，我们觉得这只不过是一张由方格拼成的表，但是经过此番虚构性的旅行，我们就明白了这张表所代表的意义。"这张表代表今天的情况，也代表过去和未来的情况。这张表说明的是宇宙里从一种原子到另一种原子的神秘变化过程。"[②]费尔斯曼采用的虚构性、故事性是文学中常见的表现手法，他在表现文学性的同时，向读者传播了科学知识。费尔斯曼以文学的形式来展现科学的知识，是文学的形式化、内容的知识化的结合。

《趣味地球化学》在叙述结构上系统而紧凑，体现出一定的逻辑性。费尔斯曼在介绍具体章节时，也有逻辑顺序可循。例如，在介绍门捷列夫元素周期表时，他按照从上到下、从左到右的空间顺序，依次介绍了元素周期表里的化学元素的性质及组合规律，使读者对元素周期表有了清晰的印象。费尔斯曼在介绍化学元素的变迁史、地球化学的产生和发展史时，还采用时间的逻辑顺序展开叙述，使读者对物质演变过程有整体的认识，了解物质的动态发展。费尔斯曼对章节的开头和结尾也很有技巧性。如"陨石——宇宙的使者"就采用抒情散文开头的方式，令人陶醉；"为什么硅的化合物那么坚固"则采用发人深省的提问；"门捷列夫怎

---

① 费尔斯曼. 趣味地球化学. 石英，安吉译. 北京：中国青年出版社，2011：9.
② 费尔斯曼. 趣味地球化学. 石英，安吉译. 北京：中国青年出版社，2011：18.

样发现他的定律"一节采用描述性的开头方式。不同的开头方式给作品增添了趣味性、文学性和新鲜感。费尔斯曼采用的鼓动性的结尾方式，也常常使读者受到感染，情绪激昂，激发起他们为科学献身的热情。

《趣味地球化学》浸润着费尔斯曼内心深沉而丰厚的感情。费尔斯曼热爱生命，以极其饱满的热情对自然敞开胸怀，领会科学内部与人类相通的、情感的、有意义的东西。他对化学反应所形成的色彩斑斓的景观印象极为深刻，"一辈子都忘不了"，这该是多么深刻的感触与体验啊！伟晶花岗岩是费尔斯曼非常喜爱的岩石，他被它们色泽亮丽的外表所吸引。费尔斯曼对自然界中的矿石迷恋到了如痴如醉的地步，每发现一种矿石，他都非常激动，称那段发现的经历为"一段动人的故事"。他在讲述水晶体的时候，"瞧""你看""喏"等极具感情色彩的感叹词比比皆是，似乎是在向别人热情地介绍自己心爱的宝石。从费尔斯曼的语言中，我们可以深深地感受到他笔下的岩石并非独立于他之外的冰冷世界，而是构成了他内心世界与鲜活情感的一部分。"形成断崖和山岭的是多么美妙的石灰石啊！……而且这里的石灰石是多么洁白纯净啊！"[①]费尔斯曼总是从审美的角度把握自然现象，传达自己对自然界矿石的审美感受和体验。费尔斯曼在该书中还体现了他的科学态度和科学精神。他强调科学家要"有极大的耐心，有坚韧不拔的精神，热爱劳动，而最要紧的是能够把工作坚持到底"[②]。科学精神是人类文化的重要组成部分，人文关怀精神是科学精神最难能可贵的，"科学在本质上是追求至善的，关注现实、关怀社会，特别聚焦于解决人类的福利的问题"[②]。

费尔斯曼的科学研究就是遵循"人是目的"的至高信仰，时刻关怀祖国的处境和未来，他把自己的大部分时间都花在对矿石的勘察和研究上，使科学的发展和应用真正合乎祖国的需要。他曾经不止一次地发出号召，激励苏联的年轻一代努力钻研科学知识，为祖国做出贡献。他说："一个人如果能意识到，没有比为祖国，为下一代的自由幸福和快乐而斗争更好的事情，他就会更接近胜利。"[③]费尔斯曼的人文关怀精神是他在地球化学上不断取得胜利的动力。费尔斯曼曾呼吁苏联人民"要相信自己的精力，要认识到自己祖国有无穷尽的宝藏，祖国人民有无穷尽的创造力，相信祖国的前途是无限美好的"[④]。费尔斯曼的一腔热血不言而喻。

"总而言之，我们要求征服原子，要求原子服从人的意志，服从有创造性的和能够把自然界一切凶恶有害的力量变成有用的力量的人的意志。"[③]"它是发财和

---

① 费尔斯曼. 趣味地球化学. 石英，安吉译. 北京：中国青年出版社，2011：18.

② 黄时进. 科学传播导论. 上海：华东理工大学出版社，2010：59.

③ 巴扬. 找宝藏的人. 付举晋译. 北京：中国青年出版社，1956：210.

④ 费尔斯曼. 趣味地球化学. 石英，安吉译. 北京：中国青年出版社，2011：408.

犯罪的金属，是挑拨战争、抢劫掠夺的金属！"①从这些话语中，我们可以看出费尔斯曼的科学价值观。他希望通过科学努力改善人类的生活，希望科学战胜阻碍人类美好生活的黑暗势力，创造更好的世界。他谴责那些因罪恶的念头而掠夺资源、挑起战争的祸首。他心中时刻牢记维尔纳德斯基的一句话："科学家对于他们自己的科学研究工作和科学方法可以产生的后果决不应该闭着眼睛不看。他们一定要对由于他们的发现产生的后果负责。他们一定要把自己的研究工作跟全人类最好的组织工作结合在起来。"②这种批判性的反思，使他保持了自己应有的价值立场，成为一位游离于人文和科学之间的科学家。"热爱生活和热爱科学是他燃起热情和使他热情蓬勃的力量"，这是费尔斯曼怀念维尔纳德斯基的一句话，而这句话也同样适合费尔斯曼。

---

① 巴扬. 找宝藏的人. 付举晋译. 北京：中国青年出版社，1956：210.
② 巴扬. 找宝藏的人. 付举晋译. 北京：中国青年出版社，1956：210.

主要参考文献

艾萨克·阿西莫夫. 2013. 银河帝国 8：我，机器人. 叶李华译. 南京：江苏文艺出版社.

比尔·布莱森. 2007. 万物简史. 严维明，陈邕译. 南宁：接力出版社.

陈德锦. 2012. 翡翠印象. 昆明：云南科学技术出版社.

陈顺宣，王嘉良. 1990. 微型小说创作技巧. 南宁：广西人民出版社.

崔大鹏，王凯悦. 2010. 低碳漫话. 北京：人民邮电出版社.

邓亚军. 2008. DNA 亲子鉴定实用指南. 北京：群众出版社.

《地质报》编辑部. 1980. 科普作家谈创作. 北京：地质出版社.

董仁威. 2007. 科普创作通论. 成都：四川科学技术出版社.

韩启德. 2013. 十万个为什么. 上海：少年儿童出版社.

季卜枚. 1986. 怎样写科普文章. 武汉：湖北科学技术出版社.

贾祖璋. 2012. 贾祖璋科学小品菁华·花鸟鱼虫兽. 福州：福建科学技术出版社.

老多. 2010. 贪玩的人类——那些将我们带进科学的人. 北京：科学出版社.

鲁迅. 2005. 不应该那么写//鲁迅. 鲁迅全集. 第六卷. 北京：人民文学出版社.

普多夫金. 1980. 论电影的编剧导演和演员. 何力译. 北京：中国电影出版社.

饶忠华. 2001. 中国科普佳作百年选. 上海：上海科技教育出版社.

孙移山. 1983. 写作方法和技巧. 济南：山东教育出版社.

汤元吉. 1934. 化学比较. 上海：商务印书馆.

万以诚. 1983. 优秀科普作品选. 呼和浩特：内蒙古人民出版社.

徐传宏. 2006. 茶百科. 北京：农村读物出版社.

叶永烈. 1980. 论科学文艺. 北京：科学普及出版社.

叶永烈. 1985. 中国科学小品选. 天津：天津科学技术出版社.

袁清林. 2002. 科普学概论. 北京：中国科学技术出版社.

袁育才. 2004. 百年百篇经典科普. 武汉：长江文艺出版社.

张田勘. 2011. 生命存在的理由. 北京：北京大学出版社.

章道义，陶世龙，郭正谊. 1983. 科普创作概论. 北京：北京大学出版社.

赵仲龙. 2004. e 时代 N 个为什么：环境. 广州：新世纪出版社.

后　记

科普作品写作是一项综合性的工作。不同于单纯的科研论文写作和文学作品创作，在写作科普作品的过程中，既要考虑到所写内容的科学性与抽象程度，又要注意作品的文学性和通俗性。因此，写作科普作品需要具备一定的综合能力，即可以将抽象复杂的科学知识以一种相对简单、偏文学的方式向公众传播，这也是科普作品写作的精髓所在。本书从欣赏视角对科普作品的写作和赏析进行了探讨，目的是帮助科普作品创作者转换视角进行科普创作。

本书是受湖北省科学技术馆和华中师范大学科学教育与传播研究中心委托，高杨帆和孙正国共同主持的"科普创作与欣赏研究"项目的最终成果。本书的出版得到了武汉市科学技术协会的"百万市民学科学——江城科普读库"项目的大力支持。在此，对湖北省科学技术馆、华中师范大学科学教育与传播研究中心及武汉市科学技术协会表示深深的感谢！

本书第一章由高杨帆执笔，第二章由何冬梅执笔，第三章由吴矛执笔，第四章由叶小丽和高杨帆执笔，第五章由马懿莉执笔，第六章由朱烜伯和高杨帆执笔，第七章由孙正国、遵世凯、尹小娇、梁程、李鹏燕等执笔。孙正国负责第二章、第三章和第七章的统稿，全书最后由高杨帆定稿。另外，华中师范大学科学传播硕士班的韦春和、张楠楠、陈萌等40位学生对本书提出了修改建议，潘宝君负责本书初稿的校正工作，在此一并表示感谢。

在本书写作过程中，华中师范大学彭涛教授提出了很多修改意见，在此表示感谢。对武汉市科学技术协会科普部原部长陈华的支持表示感谢。

高杨帆

2021 年 6 月于桂子山